ADIÓS AL DOLOR

ADIÓS AL DOLOR

¡Por Fin! La solución natural al Dolor Humano

Dr. Silverio Salinas

MINISTERIO SANADORES DEL REINO
Dr. Silverio J. Salinas Benavides.
Médico, cirujano y partero U.A.N.L. Ced.Prof. 1460562.
Jacobo Villanueva 71, Fracc. Rinconada del Valle Col. Torremolinos, Morelia,
Mich. México. CP. 58190
Tel. (52)(443)326-2577

El texto Bíblico ha sido tomado de la versión Reina-Valera © 1960 Sociedades
Bíblicas en América Latina; © renovado 1988 Sociedades Bíblicas Unidas.
Utilizado con permiso.

Número de Control de la Biblioteca del Congreso de EE. UU.:   2013917604
ISBN: Tapa Dura   978-1-4633-6692-6
               Tapa Blanda   978-1-4633-6691-9
               Libro Electrónico   978-1-4633-6690-2

Fecha de revisión: 31/03/2014

Para realizar pedidos de este libro, contacte con:
Palibrio LLC
1663 Liberty Drive, Suite 200
Bloomington, IN 47403
Gratis desde EE. UU. al 877.407.5847
Gratis desde México al 01.800.288.2243
Gratis desde España al 900.866.949
Desde otro país al +1.812.671.9757
Fax: 01.812.355.1576
ventas@palibrio.com
490335

ÍNDICE

Dedicatoria 9

Prefacio 11

Capítulo I. Introduccíon 15

Capítulo II. Buscando la verdad 24

Capítulo III. Las causas de tu dolor ¿Qué causa tu dolor? 30

Capítulo IV. La dieta: La lista negra 34

Capítulo V. La dieta: La lista blanca 48

Capítulo VI. Los metales en tu cuerpo 58

Capítulo VII. Magnetos contra el dolor 73

Capítulo VIII. La vida sedentaria y los ciclos vitales 88

Capítulo IX. Ejercicios para la salud 93

Capítulo X. Aurículo masaje 108

Capítulo XI. La Aurículo analgesia 127

Capítulo XII. Bases y futuro de la Aurículo analgesia 139

Capítulo XIII. ¿Quién es el doctor Silverio Salinas? 150

Certificados y reconocimientos 163

Epílogo 169

Seminarios 173

Bibliografía 175

Notas del lector 179

Primera Edición: Silverio Salinas Inc. Puerto Rico, 1999.

Segunda Edición: Emanuel Centro Cristiano: EL Monte, CA, EUA, 2002.

Tercera Edición: Palibrio LLC. 2014.

NOTA DEL AUTOR: los resultados pueden variar de persona a persona. El sistema Adiós al Dolor es un método de autoayuda que promueve la auto sanación. No es un método médico, no pretende hacer diagnóstico ni dar tratamiento médico a ninguna condición. Si usted está enfermo consulte a su médico o terapeuta, si además desea un método de autoayuda, siga al pie de la letra las instrucciones de este libro y comparta con un profesional los resultados.

Dedicatoria

A Mi Madre:
María Antonia Benavides Campos:

a quien le debo:

el ser,
la humildad,
la fortaleza,
la tenacidad, la esperanza,
la fe,

la constancia, la profesión,

el espíritu empresarial, la bendición

y sobre todo EL AMOR a la familia

y la humanidad.

Silverio Javier Salinas Benavides

Prefacio

(Primera edición)

La intención de este libro es presentar una solución total y definitiva al dolor humano a través de un método de autoayuda revolucionario 100% natural y único en el mundo creado por el médico, cirujano y partero Dr. Silverio Javier Salinas Benavides (título y cedula profesional en México).

Adiós al dolor presenta todo un sistema completo, práctico y muy efectivo para que usted le diga adiós a su dolor. Consiste en aplicar presión en puntos y líneas de analgesia en el pabellón de la oreja, hacer dieta naturista y utilizar plantas medicinales y suplementos alimenticios con el fin de recuperar su salud.

Enrique Gratas, director general y presentador de "Ocurrió Así", retó al Dr. Salinas para que aliviara del dolor a 50 personas en un programa en vivo. La noche del 18 de marzo de 1997, el Dr. Salinas terminó de aliviar el dolor a 200 personas en un tiempo récord de 5 horas. Más de

100 millones de televidentes hispanoparlantes se asombraron al ver estas proezas a través del Network en Español Telemundo.

En Mayo del mismo año, "Ocurrió Así" envía al Dr. Salinas por E.U.A. México y Centroamérica en la "Gira del Adiós Al Dolor".

Durante esta gira, en Miami, el Dr. Salinas logra con su técnica liberar del dolor a dos ancianas que entraron al recinto con sendos bastones y andaderas y al final entablaron una competencia por ver quién de las dos bailaba mejor "salsa" (baile típico caribeño).

En los Ángeles CA un joven de 28 años, después de dos años de estar en silla de ruedas por el dolor que le causaba su enfermedad llamada espondilitis anquilosante, se levanta y camina ante la mirada atónita de cientos de personas y la sorpresa de millones de televidentes del programa "Ocurrió Así". Ese día el Dr. Salinas liberó del dolor a 500 personas en tan solo 8 horas.

Cuando el Dr. Salinas llegó a el Salvador, en San Salvador ya lo esperaban 3,500 personas adoloridas de las cuales sólo pudo atender 1,200 en ¡13 horas! Esa fue una jornada agotadora pero sobre todo sobresaliente por los resultados obtenidos.

Cuando por fin terminó la gira en Guadalajara Jalisco, México, el país natal del Dr. Salinas, Enrique terminó su programa diciendo:

"Para que un método o técnica sea presentable en un show de televisión deben tener por lo menos entre un 40 a 60% de efectividad, pero el 100% de efectividad de la técnica del Dr. Salinas para decirle Adiós al dolor es extraordinariamente sorprendente".

El 11 de Agosto de 1998, después de someter a prueba al Dr. Salinas por 5 meses continuos, Cecilia Ramírez Harris, reportera de la salud del programa de televisión "Primer Impacto" edición nocturna, presenta la técnica "Aurículo Analgesia" como el método exclusivo del Dr. Salinas para decirle Adiós al Dolor. Millones de televidentes hispanos en todo el continente americano volvieron a ver al Dr. Salinas y su técnica ahora en Univisión, el network en español más importante del mundo.

Si usted o algún pariente cercano o amigo suyo sufre de dolor, entonces este libro es el indicado para que le diga adiós al dolor. Si usted es terapeuta y le quiere decir adiós al dolor de sus pacientes, este libro también es para usted.

Sea testigo de cómo la medicina del siglo XXI se reescribirá a través de las líneas de este y otros libros de la misma colección.

Silverio J. Salinas.

Pd: le pedí a Dios que para este, mi primer libro, me describiera en que parte de la biblia se encuentra escrita mi misión y me respondió con esta cita:

"y gozo perpetuo habrá sobre sus cabezas; tendrán gozo y alegría, y el dolor y el gemido huirán."
Isaías 51.11

Capítulo I

Introducción

Mi querido hermano o hermana, bienvenido al sistema que te ayudará a decirle *"Adiós al Dolor"*. Este sistema está especialmente diseñado para ti que sufres de dolor y te sientes insatisfecho con la forma en que hasta hoy has sido tratado o tratada y con los resultados obtenidos.

Tú que quieres liberarte del dolor, dejar de sufrir y de padecer dolor, así como orientación segura y profesional al mismo tiempo; permíteme decirte que ya no tienes que sufrir de dolor, Dios Padre me ha iluminado y me ha honrado con este sistema que tienes en tus manos para que la humanidad entera le diga **Adiós al Dolor** en el siglo XXI.

En el nuevo milenio sólo habrá tres tipos de personas con dolor:

1.- Las que no tengan acceso a este sistema.

2.- Las que tienen acceso y nunca lo han usado por falta de fe o de confianza en él.

3. Las que conociendo este sistema escogen vivir del modo que han vivido siempre, con su consecuencia final que es el dolor.

A estos últimos les quedará la frase sufres porque quieres. Usted no quiere sufrir dolor, de otra forma no estaría leyendo este libro.

Querer es poder, estoy seguro que quiere liberarse del dolor, por lo tanto, puede liberarse y no solo del dolor sino también de la enfermedad que lo causa.

Por el simple hecho de estar leyendo este libro ya tiene el 50% de probabilidades de auto-aliviarse de sus dolores y no por el hecho de que aplique o no su contenido, sino por la sencilla razón de que al permanecer leyendo este libro demuestra que *tiene voluntad*. Para aprovechar los principios de este libro todo lo que necesita es tener *fe y voluntad* para aplicar sus principios.

Es necesario que tenga fe en Dios Padre y su creación divina, cualquiera que sea su religión o creencia religiosa. Fe en que la creación de este cielo y esta Tierra en particular son creación divina y que todos sus seres animados e inanimados, incluyéndote a ti y a mí, hemos sido creados por **Dios Padre, quien creó este mundo y su naturaleza** con la pequeña y gran ventaja que, a diferencia de todos los demás seres vivos, a los

humanos nos hizo a su imagen y semejanza, ¡*así
es!* *A imagen y semejanza de Dios, nuestro Padre
celestial y espiritual* (Génesis 1.27)

Ahora que ya tenemos confianza nos vamos a
tratar de tú, porque tú y yo somos hijos del mismo
Dios Padre, *aquel que creó a toda la humanidad,*
por lo tanto somos hermanos y desde este
momento en delante nos trataremos como tales,
hermanos de la misma creación e *hijos del mismo
padre espiritual.* Entonces si es así ¿por qué siendo
tú un hijo de *Dios Padre* estás enfermo y tienes
dolor?

Dios no nos quiere enfermos así como a
nuestro padre y madre biológicos jamás le gustaría
vernos enfermos ni sufriendo de dolor, de igual
forma, nuestro padre celestial no nos quiere ver
ni enfermos ni con dolor. Los promotores del
Evangelio de la Prosperidad dicen que Dios no nos
quiere pobres y desde que me conocen y saben de
mi misión dicen también que Dios tampoco nos
quiere enfermos.

*"Amado, yo deseo que tú seas prosperado en todas
las cosas, y* **que tengas salud***, así como prospera
tu alma."*

(3ª de Juan 2)

Dios Padre nos quiere ver sanos y sin dolores

Si no es así ¿de qué manera te explicas que este libro ha llegado a tus manos? ¿cómo te explicas que después de 5,000 años de acupuntura china y 2,500 de aurículo terapia china me haya permitido a mí en tan solo 3 años de investigación descubrir por primera vez para la humanidad los 500 puntos de analgesia en el pabellón auricular?

Usando esos 500 puntos con la técnica de Aurículo Analgesia cualquier terapeuta, debidamente entrenado, puede aliviar cualquier dolor, de cualquier intensidad, de cualquier causa y a casi cualquier persona simplemente presionando correctamente dichos puntos. Esta técnica la he registrado con el nombre de Adiós al Dolor ®.

Si tú no eres terapeuta, sigue leyendo este libro, en él te enseño cuáles son, a mi entender y de acuerdo a la experiencia de por lo menos 25 años de práctica y ejercicio de la medicina natural, las causas más comunes de las enfermedades que cursan con dolor y, lo más importante para ti, te digo cómo erradicarlas.

Si eliminas la causa de la enfermedad, eliminas su consecuencia que es el dolor.

(Primera y única Ley de Adiós al Dolor)

Eres testigo de la historia, hasta hace 3 minutos no existía ninguna Ley de Adiós al Dolor. ¿Te das cuenta cómo opera el creador?

¡aleluya! ¡alégrate!
Dios te quiere sano y libre de dolor.

¿Lo dudas? ¿Dónde está tu fe? "Dichosos los que no me han visto y creen en mí" les dijo Jesús a sus apóstoles cuando habiendo resucitado y viendo las pruebas de su crucifixión en sus manos dudaron de que Jesús hubiese vencido la muerte.

Pero la obra de Jesús era una obra a prueba de incrédulos por que su misión era y es divina por eso ha perdurado 2,000 años y lo mejor está por venir. Él dijo: más grandes serán los milagros que en mi nombre y en el nombre de Dios Padre harán ustedes.

El Sistema de Adiós al Dolor es un sistema a prueba de incrédulos y faltos de fe porque es un sistema de inspiración divina. Personalmente le oré a Dios Padre para que me iluminara y me guiara por el camino correcto, que me diera a comer del fruto de la verdad. Le pedí que si quería que me dedicara a la medicina me enseñara a **sanar** enfermos, no a dar calmantes o paliativos como me enseñaron en la universidad (dicho sea de paso y con todo el respeto que me merece). Dios Padre escuchó mis oraciones y me enseñó el camino de la verdad, el camino de la auto-sanación de las enfermedades, hasta llegar a la sanación total.

Hay dos razones por las que te recomendaría saltar de la Introducción al capitulo X que es el de la técnica para aliviar el dolor por medio de Aurículo-masaje y Aurículo-presión:

1.- tienes poca fe y necesitas una prueba para poder continuar con el sistema de adiós al dolor reforzando tu confianza.

2.- tienes tanto dolor que no podrías seguir leyendo este libro si no alivias al menos un poco tu dolor.

En ese capítulo de aurículo-masaje explico cómo aliviar el dolor de los síndromes dolorosos más comunes por medio de auto-masaje y digito presión de las áreas anatómicas que reflexológicamente corresponden a cada síndrome doloroso.

En realidad este es un manual práctico, mientras lees y asimilas todo el sistema para decirle Adiós al Dolor puedes pasarte al capitulo X de aurículo-masaje para que tu dolor se esté aliviando poco a poco conforme vas encontrando la zona anatómica de digito presión que le corresponde a tu dolor y conforme vas descubriendo y eliminando las causas de tu dolencia.

Con confianza, mi hermano o hermana, revisa el capitulo X, estudia las gráficas y practica las técnicas de aurículo-masaje y aurículo presión.

Da un masaje enérgico con la punta de los dedos de cinco a diez minutos. Aplica digito presión en los puntos de aurículo terapia china y observa.

¡Ya regresaste!
¡qué sorpresa te has llevado!

Si no eres de las personas que toman demasiado café, se inyectan o han tomado cortisona en grandes dosis, tienen demasiados metales en la boca y el cuerpo o bien tienen un problema quirúrgico por necesidad, es seguro que si aplicaste la presión y el masaje correcto en el área precisa tu dolor ha disminuido en algún porcentaje.

¡Felicidades!
Eso significa que tu problema es y
siempre ha sido auto-sanable.

No esperes que en una sola sesión se te alivie todo tu dolor, recuerda que la técnica de masaje auricular alivia el dolor pero tú tienes que trabajar en ti mismo, en tus hábitos alimenticios y en tu estilo de vida para erradicar la causa del problema.

Si no obtuviste ningún resultado, salvo sentir las orejas calientes, no te desesperes, eso no significa que tu problema no sea auto curable. Significa que puedes estar tan intoxicado con cafeína, metales, cortisona etc. que el aurículo masaje de momento no funciona. Sigue leyendo este libro, en él te explico cómo te puedes desintoxicar de alimentos industrializados, carnes, metales y medicamentos. Verás que, conforme te desintoxicas, el aurículo masaje irá funcionando y tu dolor irá desapareciendo poco a poco.

Erradica la causa de la enfermedad y desaparecerá el dolor, que es su consecuencia.

Ten paciencia y espera con fe los resultados.

Si tu dolor es crónico, aplica este sistema e intégralo a tu vida por lo menos por 90 días.

Observarás resultados positivos los primeros 30 días.

Las técnicas que se describen en este libro son de Aurículo Masaje y Aurículo Presión, son sencillas, fáciles de aprender y aplicar por prácticamente cualquier persona.

Por razones obvias me he reservado la enseñanza de los 500 puntos de la técnica Aurículo Analgesia sólo para profesionales de la salud (alguien tiene que ejercer la técnica con finura, con detalle y profesionalismo).

La idea futurista de este autor es la de entrenar institucionalmente a cuanto terapeuta desee ser capacitado para, primero Dios, integrarlos a lo que será el

Ejército liberador del dolor de la Humanidad.

Por lo pronto amigo lector, mientras esto sucede, inicia ya por el primer capítulo de este libro, busca la verdad, determina las causas de tu dolor y erradícalas de una vez por todas y para siempre.

Miles de personas le han dicho adiós al dolor en toda América, en México, El Salvador, Puerto Rico, Venezuela, Nueva York, Los Ángeles y Texas con el sistema único y exclusivo del autor.

Ahora es tu turno, tú también puedes decirle

"Adiós a tu Dolor"

Capítulo II

Buscando la verdad
Dios padre y la ciencia pura.

Dios Padre nos quiere ver sanos y libres del dolor.

Dios Padre y la ciencia pura son la misma cosa.

Quien lo dude es porque no sabe ni de Dios ni de la ciencia y le aconsejo que consulte la Biblia y lea a Einstein.

> *"el alma sin ciencia no es buena".*
> (Proverbios 19.10)

> *"Y el oído de los sabios busca la ciencia".*
> (PR. 18.15)

> *"Cuando la sabiduría entrare a tu corazón, y la ciencia fuere grata a tu alma, la discreción te guardará; Te preservará la inteligencia para librarte del mal camino"*
> (PR. 2.10, 11, 13).

Entonces la ciencia sirve para librarte del mal camino y de la mala salud. Te apartaste del buen camino, de la buena comida (la natural y saludable), del ejercicio y los buenos hábitos, por eso caíste enfermo, con sufrimiento y dolor.

Por eso amigo lector no te sorprenda que, en el transcurso de la lectura de este libro, lo mismo apele a Dios Padre que a la *ciencia pura*.

Ciencia pura es la que no responde a los intereses creados por el hombre, como el de los laboratorios transnacionales, aquellos que no tienen bandera pero están arraigados en casi todos los países del mundo.

Ciencia pura tampoco responde a los intereses de los grandes consorcios hospitalarios y de médicos practicantes de la Medicina Ortodoxa Oficial ni de grupos de Naturólogos que desean monopolizar la práctica de la Medicina Natural.

Ciencia pura no responde a los intereses de los grandes consorcios empresariales responsables de la Industrialización de los Alimentos ni de la multimillonaria industria de "alimentos chatarra".

*La ciencia pura solo tiene que
responder a un interés:*

la verdad

Para entender lo que es la ciencia pura con respecto a la salud y la enfermedad, debes de conocer primero diez verdades.

Las 10 verdades que debes conocer son:

Primer verdad:
Tú tienes dolor. Es la razón principal por la que lees este libro.

Segunda verdad:
La Ciencia Ortodoxa no te ha resuelto tu problema de dolor.

Tercera verdad:
La Ciencia Ortodoxa sólo calma o controla tu dolor con drogas de patente (medicamentos calmantes).

Cuarta verdad:
En muchos casos la Ciencia Ortodoxa te ha causado más problemas de los que ya tienes por los efectos colaterales de medicamentos y otros procedimientos.

Quinta verdad:
La Ciencia Ortodoxa no responde a tus intereses personales de salud.

Sexta verdad:
La ciencia Ortodoxa responde a sus propios intereses financieros, empresariales, industriales y comerciales.

Séptima verdad:
Tu cuerpo, tu mente y tu espíritu han sido fabricados por Dios Padre.

Octava verdad:
Si quieres aliviar y sanar el dolor y sufrimiento de tu cuerpo, mente y alma, debes recurrir a tu fabricante: Dios Padre, quien creó la Naturaleza para que te alimentes y te sanes con ella (Génesis 1:29).

Novena verdad:
La causa principal de tu dolor está en el rompimiento de las Leyes de la Naturaleza hechas por el Creador.

Décima verdad:
Estudia las leyes de la Naturaleza (ver capítulo VIII), armonízate con ella y con Dios Padre, verás cómo el sufrimiento y el dolor se irán de tu vida.

Estas son las diez verdades del Sistema Adiós al Dolor. Recuerda amigo lector que mi formación profesional primaria es de médico cirujano y partero (ver capítulo XIII), luego me inicié en las medicinas alternativas, por lo tanto tengo autoridad moral y científica para opinar constructivamente sobre ambas ramas de la medicina.

Mi compromiso es con la verdad, con la ciencia pura, es contigo y conmigo mismo. Mi compromiso primero y último es con Dios Padre y la humanidad.

Sin fanatismos busca la verdad. La verdad es que la ciencia médica ortodoxa es heroica, porque salva vidas en los centros de emergencia hospitalarios. Pero si tu dolor no es un problema de emergencia, la verdad es que la medicina alternativa natural etiopática es la solución total a tu problema.

A través de la naturaleza Dios Padre creó la medicina natural. A través de la inteligencia del hombre, Dios Padre creó la medicina ortodoxa oficial, alopática. Ambas creaciones tienen un propósito bueno para la humanidad en el plan divino.

Lo que tú amigo lector tienes que discernir sin animosidades ni fanatismos es cuándo debes usar los recursos de la naturaleza y cuando los del hombre, no solo para recuperar tú salud, sino también para mantenerte sano, fuerte y longevo.

"y conoceréis la verdad y la verdad os hará libres"
(Juan 8.32).

Libres del dolor, de la enfermedad y del sufrimiento crónico.

Con estas palabras de Jesús quiero decirte que las verdades enunciadas en este libro, si las aplicas en tu vida y las practicas como hábito o estilo de vida, te harán libre del dolor, del sufrimiento y la enfermedad.

Vamos a terminar este capítulo de "Buscando la Verdad" con esta oración poderosa a Dios Padre.

DIOS PADRE: gracias por este día, gracias por poner este libro en mis manos, gracias por mostrarme la verdad acerca de mi dolor y por poner en mi camino la solución que, aunque no estoy aún sano(a), te doy las gracias de antemano porque sé que me voy a auto-sanar con este sistema de Adiós al Dolor.

DIOS PADRE: te doy las gracias por haber iluminado al Dr. Silverio Salinas en este sistema de auto-sanación para poder decirle yo también Adiós a mi Dolor. Él oró y te pidió le mostraras la verdad del camino de la sanación. Él tuvo fe y por su fe la humanidad entera será premiada con este sistema natural y maravilloso de Adiós al Dolor.

DIOS PADRE: te doy las gracias por proteger al Dr. Salinas. Protégelo, cuídalo, bendícelo y sobre todo sigue iluminándolo para que encuentre más soluciones a los problemas que aquejan a la humanidad.

Gracias Dios Padre: Amen.

Ahora lea esta oración en voz alta tres veces.

Capítulo III

Las causas de tu dolor
¿Qué causa tu dolor?

Personalmente y después de atender por lo menos 20,000 consultas de medicina natural entre 1988 y 1998 (50,000 para el 2013) una buena parte de estas brindadas como labor social, tanto en México como los EUA y Centroamérica, cabe mencionar que participé como asistente y conferencista en los congresos más importantes de medicina alternativa en mi país (México) y los EUA en los 90's, he llegado a las siguientes conclusiones:

Las causas más frecuentes del dolor humano y las enfermedades, según mi experiencia (y de acuerdo a los conceptos naturopáticos más antiguos) son:

1.- Los alimentos industrializados.

2.- Los metales en tu cuerpo.

3.-   La vida sedentaria.

4.-   Algunos medicamentos químicos.

5.-   La contaminación ambiental.

6.-   Los traumatismos (golpes, accidentes).

Si observas, no estoy considerando las bacterias, los hongos y los virus como causa primaria de tus enfermedades y de tus dolores, ¿por qué? porque ellos siempre han estado fuera y dentro de nuestro cuerpo y no son la causa primaria de tu dolor. Para que una bacteria que normalmente vive en tu intestino (por ejemplo: E. coli) se reproduzca demasiado, te infecte, cause diarrea y dolor abdominal, tus defensas inmunológica deben estar bajas previamente.

¿Son las defensas inmunológicas bajas
la causa primaria de mi dolor?

¡Por supuesto qu*e no!*

¿Cuál es la causa de que tus defensas
inmunológicas se hayan bajado?

Lo que comes, lo que bebes, lo que respiras, los metales que portas en la boca y en el cuerpo, algunos de los medicamentos que tomas, la falta de ejercicio y la contaminación ambiental.

Lo mencionado anteriormente son las causas primarias de tu dolor, porque ellos han contaminado tu cuerpo, tu sangre, han nutrido pobremente tus huesos, tus músculos y tus células (particularmente tus células de defensa inmunológica). Con tus defensas inmunológicas bajas los virus, las bacterias, los hongos y toda suerte de parásitos invaden nuestro cuerpo, tomando posesión y dominio sobre nuestro sistema, apareciendo con ello las enfermedades y su consecuencia el dolor.

¿No te parece lógico? *¿Necesitas ser doctor o científico para entenderlo?* ¿Verdad que no?

La verdad es simple a los ojos de Dios y también a los ojos tuyos y míos.

Entonces, ¿por qué la medicina es tan complicada? Porque el hombre mismo la ha complicado ¿Con qué fin? Responde tú, piensa un poco y encontraras la verdad.

En los próximos capítulos vamos a desglosar una a una las causas primarias de tu dolor y la forma práctica de eliminarlas para corregir tu problema en general y tu dolor en particular.

Mientras tanto puedes pasar al capítulo X para tu sesión de Aurículo masaje con digito presión, para que poco a poco y conforme vas avanzando en este libro le vayas Diciendo:

¡Adiós a tu dolor!

Ahora la oración de hoy:

DIOS PADRE: ahora que conozco las causas de mi dolor dame fuerzas para seguir avanzando en este sistema natural de auto-sanación "Adiós al Dolor". Permíteme Señor, Padre mío, continuar en el conocimiento de los detalles de este libro que me ayudarán a liberarme de mi dolor aunque sea poco a poco pero para siempre.

Amen
Repita la oración en voz alta 3 veces.

Capítulo IV

La dieta:
la lista negra

La base del sistema Adiós al Dolor es el **plan alimenticio naturista** *vegy-pesco-ovíparo.*

*Sin hábitos nutricionales naturales
no hay sanación.*

Mi hermano, hermana, lo más importante de este capítulo es que memorices y graves en tu mente que **sin dieta natural no hay sanación**.

Cuando terminé mi carrera como médico cirujano y partero, por tradición, me hicieron jurar que guardaría el juramento Hipocrático. Lo que no me enseñaron en dicha ceremonia es que el padre de la medicina occidental, Hipócrates, predicaba a sus enfermos y discípulos la siguiente máxima:

"Deja que tu medicina sea tu alimento
y que tu alimento sea tu medicina."

En la época de Hipócrates no existían ni los alimentos industrializados ni los medicamentos químicos. En el hipotético caso de que Hipócrates viviera en nuestra actual civilización, dudo mucho que él cambiara su máxima por esta otra:

Hipócrates no diría:

"que tu medicina sea la química de laboratorios y los alimentos industrializados y procesados con químicas sean tus alimentos".

Hipócrates era un hombre recto y sabio. Si viviera en nuestra época, aunque lo encarcelaran o lo amenazaran de muerte, como a muchos terapeutas verdaderamente hipocráticos nos ha sucedido, él no cambiaría ni un ápice su máxima y seguiría diciendo:

"Deja que tu medicina sea tu alimento y que tu alimento sea tu medicina."

Una de las primeras frases que aprendí de los naturistas en Monterrey N.L. México, fue la siguiente:

"quieres ser fuerte como un toro, no te comas al toro, come lo que come el toro."

El toro no come ni toro ni vaca, come pasto, alfalfa. Nadie hasta el momento ha podido convencer al toro de que si no come carne le van a faltar los aminoácidos esenciales para producir proteína suficiente para que sus músculos sean fuertes y poderosos. El toro sigue comiendo alfalfa, obtiene sus aminoácidos para formar proteína del pasto y está fuerte como un toro.

Los seres humanos no necesitamos comer cadáveres de res o de pollo para obtener los aminoácidos esenciales que generan proteínas. Existen atletas que son totalmente vegetarianos y son capases de proezas físicas como la de levantarse de cabeza sostenidos en dos dedos de cada mano.

Mi propia vida es un ejemplo de esta verdad. Dejé de comer cadáver de res a los 29 años, cadáver de pollo a los 35 años y los lácteos a los 41 años. A mis actuales 51 años cumplidos puedo hacer más de cien pectorales (planchas o lagartijas) en 60 segundos con los pies en lo alto de una silla.

En el 2004 realicé una demostración en vivo en el programa de Enlace TBN "Aquí entre nos" donde me contaron 129 planchas y se transmitió en más de 60 países. No conozco a nadie que haga la mitad de esto. En octubre del 2013 acudí a una exhibición de los monjes del legendario Templo Shaolin de China en la ciudad de Los Ángeles California. Las proezas físicas que hacen estos guerreros budistas son increíbles y lo más increíble aun es que ellos son vegetarianos 100%. Uno de ellos hizo lagartijas con dos dedos ¡pero de cabeza!

Estos son las dos clases de alimentos que te están intoxicando:

1.- Alimentos industrializados
2.- Carnes de animales con sangre y mariscos de caparazón o concha.

"Y Dios dijo: He aquí que os he dado toda planta que da semilla, que está sobre toda la tierra, y todo árbol en que hay fruto y que da semilla; os serán para comer"
(Génesis 1.29).

En ninguna parte del génesis dice que comerás de la carne de las bestias y los animales.

Esta es la **lista negra de los alimentos** que debes eliminar de una vez y para siempre. Los colocare por orden de importancia, desde los más tóxicos hasta los menos tóxicos:

(Haz una copia de esta lista negra y pégala en el refrigerador. Recuerda que esto es ¡lo que no debe de comer!).

Lista negra de **Alimentos que enferman:**

1.- Alimentos enlatados (cualquier tipo).
2.- Carnes frías (jamón, salchicha, tocino, peperoni, embutidos etc.).
3.- Carne roja (res, puerco, carnero etc).
4.- Carne blanca (pollo, pavo, pescado de piel lisa, mariscos de concha y caparazón).

5.- Tabaco.
6.- Alcohol.
7.- Sodas (de cualquier clase) y hielo.
8.- Café.
9.- Polvo para bebidas.
10.- Azúcar blanca (refinada).
11.- Azúcar de dieta (cualquier marca).
12.- Harina blanca, pasta (refinada).
13.- Lácteos (leche, queso, mantequilla, crema, queso, yogurt, mayonesa y margarina).*

*Mas detalles de la lista negra en la obra del mismo autor: "Limpiar, Nutrir, Reparar: adiós a las enfermedades en tres pasos naturales" Ed. Palibrio LLC, 2013.

Ahora le daré las razones por las que
no debe comer estos alimentos.

Carnes rojas (animales con sangre): res, cerdo, carnero, cabrito, venado etc. Desde que el animal muere inicia un proceso natural de putrefacción, que la refrigeración y los químicos conservadores jamás detienen, solo lo hacen más lento. Entre más tiempo tiene de haber muerto el animal es más tóxico porque el proceso de putrefacción está más avanzado. Lo que tú comes es carne de animal muerto en proceso de putrefacción. Déjalo de comer por 30 días y verás que el verdadero aroma de las carnes en el supermercado es nauseabundo y putrefacto. Como regla general, todos los inspectores de carnes de todo el mundo deberían abstenerse de comer carnes al menos tres semanas antes de hacer una inspección de carnes para que, ya desintoxicados, puedan percibir su verdadero aroma y tomen las acciones pertinentes.

*Las **carnes rojas** son la causa número uno de dolores por: artritis, alta presión, migraña, exceso de colesterol, gota (ácido úrico), lupus, colitis y hemorroides.*

El cerdo ha sido relacionado con el cisticercosis por ser un portador natural de un parásito intestinal llamado cisticerco que al comer sus carnes se están ingiriendo sus huevecillos y larvas. Esta lombriz en forma de caracol puede infectar tus músculos y tu cerebro. Puede causar ceguera, epilepsia y la muerte.

Carnes blancas: pollo, pavo, pescado (no se deje engañar, el puerco no es carne blanca, además, es la carne más tóxica que existe en el mercado). A los pollos los engordan con aditivos hormonales que podrían afectar su salud. En Puerto Rico se reportaron muchos casos de niños varones con senos crecidos y niñas con menstruaciones prematuras relacionándolas con estrógenos en el pollo. Sobre el pollo o pavo criado en rancho, sin aditivos, es menos malo que el pollo industrial, aun así no los recomiendo por la sangre que contienen. No estamos diseñados para comer animales con sangre, si fuera así: donde están tus colmillos? Y tus garras? En cuanto al pescado, el de escama es el único animal que el ser humano esta diseñado para comer. Con toda tranquilidad come un pescado de escama fresco y bien cocido.

Harinas blancas: pan, galletas, pasteles, tortillas. A esta harina le han quitado al trigo la cáscara y el germen que son los que contienen grandes cantidades de fibra, vitaminas, minerales, aceites vegetales y proteínas en forma de aminoácidos. Para colmo, la cáscara y el germen que son lo mejor del trigo se lo dan a los animales (las vacas y puercos) en forma de salvado para engordar sus músculos mientras que a nosotros nos dan su carne para comer, así como la harina blanca que es sólo almidón, carbohidrato sin mucho valor nutritivo y que en el cuerpo se convierte en grasa y nos engordan.

Azúcar blanca: de la caña de azúcar extraen el melado o miel de caña, de aquí el piloncillo, luego lo refinan y extraen el azúcar morena obscura, cuando se le aplica otro proceso sale el azúcar morena clara; por último la refinación total que da por resultado el azúcar blanca, sin sus vitaminas y minerales. La glucosa (azúcar refinado) es la causante principal de Diabetes Mellitus del adulto y obesidad (el hígado convierte la glucosa en grasa para que se almacene bajo la piel en el tejido adiposo). Además la glucosa es el alimento favorito de virus, bacterias, hongos, parásitos y células cancerosas. Haz una prueba, derrama un vaso de soda en el piso y cuente el tiempo en que se llena de hormigas, verá que en apenas unos minutos y el lugar se llena de hormigas porque el azúcar las alimenta y les ayuda a reproducirse. Nosotros no tenemos hormigas en el organismo, pero si tenemos virus, bacterias, hongos y parásitos que se reproducen con la glucosa, al igual que las hormigas.

No alimentes a tus enfermedades.

No comas azúcar de ninguna clase.

¡Ya no le des de comer a la bacteria de la artritis, ni al virus de la sinusitis, ni a los parásitos de los intestinos!

Azúcar de dieta: en cualquier sobre de sacarina ® se puede leer "este producto puede causar cáncer en animales de laboratorio". ¿Qué nos garantiza que no cause cáncer en el ser humano? Está probado que el nuevo azúcar de dieta Aspartame ® causa pérdida de la memoria y muchos otros problemas de salud; además, estos químicos son tan ácidos que al ingerirlos aumentan el apetito al aumentar las secreciones gástricas y, a corto plazo, producen gordura, no por las calorías que contiene, sino porque luego se tiene que saciar el hambre que provoca; esto lo mencionan los que toman "diet" sodas.

No te dejes engañar por la publicidad, el azúcar de dieta no te va a mantener o bajar de peso y si te van a enfermar por tantos químicos que contienen.

Sodas: están compuestas por agua con pintura, de diez a trece cucharadas de azúcar y más de 20 químicos entre colorantes, conservadores, antioxidantes, saborizantes etc. Eso es la soda, un cóctel de químicos que te pueden causar gastritis, colitis, mala digestión, estreñimiento, obesidad, cálculos renales o biliares, diabetes, desbalance hormonal, manchas en la piel, sin olvidar que algunos de sus químicos son considerados cancerígenos. Sus ácidos corroen los huesos causando artritis y osteoporosis, gastritis y colitis, estreñimiento.

En Puerto Rico el 60% de la población adulta padeció de Diabetes del adulto, tipo II (1999), nadie dice porque razón pero la causa es muy simple: el alto consumo de harinas refinadas, azúcares y sodas. En México la causa primaria de muerte es la diabetes y sus complicaciones (2009) y causalmente es el consumidor número uno en el mundo del refresco de cola más popular.

Café: casi tan ácido como la soda. El café en todas sus variedades es uno de los hábitos más dañinos que nos ha impuesto la sociedad de consumo en que vivimos. Además de los males hablados para las sodas, el café y su cafeína causa nerviosismo, neurastenia y a largo plazo depresión, várices y hemorroides, sin olvidar la alta presión; todos estos problemas son comunes en personas que ingieren demasiado café. Su mezcla con azúcar hace un campo de cultivo especial para infecciones virales recurrentes como la sinusitis. La prostatitis en el varón adulto tiene mucho que ver con el consumo de café y azúcar blanca.

Los mecánicos utilizan la soda para limpiar los postes de las baterías y para aflojar los tornillos de los motores. El café y la soda no te aflojan las tuercas a ti, pero sí aflojan tus coyunturas al corroer sus cartílagos con tanto ácido en tu dieta.

Así, el café y la soda figuran entre los principales causantes de artritis. El café no es bueno ni por vía oral ni por vía rectal. Un pequeño grupo de Naturópatas en Puerto Rico basan toda su terapéutica en los enemas de café con el supuesto fin de desintoxicar. A mi entender existen procedimientos más naturales y mucho más efectivos para desintoxicar un organismo que los enemas de café. Personalmente yo los usé en pacientes terminales de cáncer en 1993, hasta que me convencí de que los enemas de café son antinaturales y perjudiciales si se utilizan diariamente.

Sin embargo, fuera de fanatismos, debo reconocer que un enema de café, de sábila, llantén, manzanilla o de agua enjabonada, como los usaba mi abuela, puede salvar la vida a una persona que esté impactada en sus intestinos por un estreñimiento crónico e incorregible. De hecho existen evidencias testimoniales en la Isla del Encanto de cómo salvaron su vida al seguir las indicaciones de sus terapeutas Naturópatas aplicándose enemas de café cuando ya la ciencia médica los había desahuciado.

Reconozco la efectividad de los enemas de café o de cualquier otro elemento natural para desintoxicar y limpiar el colon **sólo en casos de emergencia** y no como una forma diaria de evacuar. Con todo el respeto que los terapeutas Naturópatas me merecen, les aconsejo que no permitan que sus clientes se hagan adictos al café y que no dependan de ningún enema para que evacuen diariamente y corrijan el estreñimiento crónico por otros medios naturales.

A todos los consumidores de café, vía oral o rectal, les recuerdo que el café es adictivo, es ácido y el tinte negro que tiene es carbón (ácido carbónico) y que el daño que a largo plazo provoca en las personas es mucho mayor que el beneficio que reportan. No es natural que una persona dependa de enema de café o de cualquier otra sustancia para evacuar. Lo natural es que evacuen regularmente sin ayuda alguna.

En los EUA mueren cerca de 25 mil personas anualmente debido a las bebidas energetizantes con un altísimo contenido en cafeína. La cafeína de estas bebidas, que se ha convertido en la droga legalmente permitida favorita de los jóvenes, mata más personas por año que las drogas tradicionales y prohibidas como cocaína, cristal y heroína juntas. Esta situación está para meditarse a fondo.

Regresando a Puerto Rico, al trabajar junto al Neurópata R. Hernández (1998-2001) nos encontramos con una contradicción al consultar a personas que son vegetarianas y padecían de toda clase de dolores. Esto es una paradoja, una contradicción, a ellos siempre les digo lo mismo "si eres vegetariano no es posible que tengas tantos dolores". En estas personas encuentro dos factores comunes: tienen metales en su boca y cuerpo o bien se hacen enemas de café, desafortunadamente recomendados por sus terapeutas.

Debo ser claro y enfático al declarar que el café, ingerido por vía oral o rectal, no permite que la técnica de Adiós al Dolor funcione a plenitud.

¡Diga no al café, de una vez por
todas y para siempre!

Tabaco: hace 30 años, mientras me iniciaba como estudiante de medicina en la Universidad en Monterrey N.L. México, se decía que el tabaco podría causar cáncer del pulmón. Ahora se sabe, aunque creo que desgraciadamente siempre se supo, que efectivamente el tabaco sí causa cáncer del pulmón. El gobierno de los EUA, la nación imperialista más poderosa del planeta, ha alertado a la población sobre los peligros que representa la ingesta y el consumo del tabaco y ha impuesto severas restricciones a las compañías productoras de cigarrillos todo porque los consumidores de tabaco ya le cuestan al país muchos billones de dólares en gastos de hospital y gastos médicos.

No esperes 20 años para que el gobierno declare (después de miles de muertes y billones de dólares en gastos médicos y hospitalarios) que el café y la soda son perjudiciales para la salud.

Actúa ahora, protege tu salud y en 20 años te reirás de las nuevas regulaciones que se le impondrán a estos "alimentos chatarra".

Alcohol: todo el mundo sabe lo pernicioso y dañino que es el alcohol y el tabaco para la salud, sin embargo, las personas siguen consumiéndolo por cuatro poderosas razones:

1.- Al igual que el café, son adictivos.
2.- La publicidad es penetrante y arrolladora.
3.- No hay restricciones adecuadas del gobierno.
4.- No hay educación que inicie desde las escuelas y el hogar.

Además del daño social (destrucción familiar y matrimonial) que representa el consumo del alcohol, mencionaré sólo los daños más comunes e importantes física y mentalmente:

1.- Cirrosis hepática.
2.- Pérdida de la funciones mentales (una copa de vino o una lata de cerveza "ahogan" o destruyen 10,000 neuronas).
3.- Impotencia y otras disfunciones glandulares.
4.- Disminución importante del sistema inmunológico.

Hasta aquí la lista negra. Hemos tocado sólo lo más importante, sin lujo de detalles, para que en forma simple tú, amigo lector, entiendas las razones del por qué debes eliminar estos alimentos para siempre si quieres eliminar las causas de tus dolores.

En la obra del mismo autor "Limpiar, Nutrir y Reparar" (Palibrio LLC, 2013) encontraras muchos más detalles acerca de los alimentos que te enferman.

Capítulo V

La dieta:
La lista blanca

Ahora veamos la lista blanca, es decir, la lista de alimentos que debes incluir en tu dieta diaria de hoy en delante. Yo le llamé hasta 2008 a esta lista:

La dieta naturista general

Estos son los posibles beneficios de alimentarse de forma natural:

1. Es 100% natural, reduce al máximo la ingesta de alimentos industrializados. Pudiera prevenir toda clase de enfermedades, incluyendo el cáncer.

2. Te ayudará a eliminar todas las toxinas de tu cuerpo (es desintoxicante).

3. Te brindará todos los nutrientes necesarios para la reparación tisular (es regenerativa).

4. Genera un equilibrio y balance metabólico y nutricional al incluir proteína, aceites, carbohidratos, vitaminas, minerales y agua (es balanceada).

5. Acelerará la recuperación de todos los estados patológicos (es auto-restauradora).

6. Promueve la longevidad (es rejuvenecedora).

Conoce ahora los alimentos que te ayudarían a sanar tus dolencias:

Frutas: al natural o su jugo 1 a 2 veces por día.

Semillas secas: nuez, almendras, granola, pepitas, cacahuate, ajonjolí, etc.

Cereales calientes: arroz, maíz, avena, cebada, millo (llamado así en España o Cilan en Hispanoamérica), amaranto, centeno, trigo integral, cuscus, quinoa, amaranto.

Ensalada: de vegetales crudos 1 o 2 veces por día. Aderezar con aceite de olivo puro extra virgen y prensado en frío, limón y miel de abeja.

Vegetales cocidos al vapor: Calabaza, zanahorias, berenjena, chayote, brócoli, etc.

Pan: integral de trigo, **sin levadura**. Germen. Pan de granos sin levadura.

Leche de almendras: de arroz, coco o avena.

Huevos *orgánicos*: dos o tres veces por semana.

Leguminosas: frijol, lentejas, habas, chícharos, garbanzo, ejotes, soya.

Pescado de escamas: salmón, mojarra, trucha, huachinango, pargo, mero, bacalao etc.

Yogur (no de leche de vaca): natural de leche de coco, almendras o de soya, sin azúcar. Agregue miel de abeja y frutas naturales. Añadir miel de maguey para personas diabéticas.

Use **aceite de semilla de uva** para todos sus guisos. También puede usar el de **aguacate** para cocinar. Use aceite de linaza para aderezar la fruta y de olivo puro y extra virgen para aderezar las ensaladas y los vegetales cocidos al vapor; les puede agregar limón y sal de mar.

Refrescos de frutas naturales: Miel de abeja, estevia o miel de maguey (agave) en los diabéticos.
No usar azúcar ni blanca ni morena para endulzar.

Tomar de 4 a 8 vasos de **agua alcalina** diarios. Si además es antioxidante, mucho mejor.

Esta dieta **era ovo-lacto-vegetariana** hasta que el autor, en el 2003, corroboró en carne propia que los lácteos envejecen a las personas prematuramente, eliminándoles de su vida y de la lista de alimentos permitidos para sus clientes. Se eliminaron los lácteos del plan por las grandes cantidades de grasa y azucares que contienen más las temibles hormonas esteroideas.

Ahora la dieta es
vegy-pesco-ovípara:
vegetariana con pescado y huevo orgánico.

A ti, que siempre comes por hábito o costumbres que te enseñaron tus padres y a ellos tus abuelos, si quieres sanar y estar siempre sano te digo:

De hoy en delante comerás por educación y no por hábito. Educarás tu paladar a los sabores de los alimentos naturales y sanos para que puedas liberarte de la enfermedad y su consecuencia el dolor.

"Y Dios dijo: He aquí que os he dado toda planta que da semilla, que está sobre toda la tierra, y todo árbol en que hay fruto y que da semilla; os serán para comer".
(Génesis 1.29).

No es coincidencia que los primeros hombres de la Biblia vivieran entre los setecientos y novecientos años. Bíblicamente, en el Génesis, Dios no dijo que te comieras los animales y las bestias del campo. Él dijo que los dominaras, que señorearás entre ellos (Génesis 1.28).

En este momento puedes estar pensando que tú no comes frutas o ensaladas de vegetales crudos como la lechuga, el tomate, los pepinos, el brócoli porque no te gustan. Así como tu cerebro se acostumbró desde la infancia a comer algo tan putrefacto como es la carne roja (tres semanas de no comerla y me darás la razón) así también se acostumbrará a comer frutas, verduras y otros alimentos naturales que desafortunadamente, por tradición, se han eliminado de nuestra dieta.

Siempre he dicho que el gusto está en la mente y no en la lengua ¡Educa tu gusto! También puedes estar pensando: *"yo no puedo vivir sin mi café por las mañanas o sin la carne"*. Falso totalmente *Tú puedes vivir perfectamente bien sin el café, la carne, la soda, el azúcar y toda la lista negra de alimentos industrializados.*

El único y pequeño inconveniente es el síndrome de abstinencia (cruda o resaca) que dan todos estos alimentos tóxicos y adictivos al momento de dejarlos. Este síndrome dura de tres a catorce días, según el grado de intoxicación de cada persona se manifiesta con dolores de cabeza, dolores de articulaciones, fiebre, erupciones en la piel y otros síntomas.

Los naturópatas le llaman *"crisis curativas"*, yo prefiero llamarlo *reacción de desintoxicación*. Si la persona está severamente intoxicada, la reacción de desintoxicación puede ser tan severa que tiene que ser hospitalizada. Es por eso que en esos casos aconsejo que el cambio de la dieta sea gradual y supervisado por un profesional de la salud.

Si dejas el café y te duele la cabeza, aguántate por tres días o toma un analgésico temporal pero

ya no tomes café, rompe el ciclo vicioso.

Mientras te desintoxicas puedes tomar 500 mg en cápsulas de ginseng chino o coreano en ayuno por la mañana y en la tarde antes del último alimento, para calmar los síntomas de la resaca.

Este capítulo de la dieta es el más largo porque es el más importante de todos recuérdalo siempre:

Sin dieta naturista no hay sanación.

¿Quieres la *auto-sanación*? entonces deja de comer los alimentos de la lista negra y empieza ya tu dieta naturista general.

¡Verás cómo entre los 30 y 90 días serás una persona diferente: más sana, con más energía y con menos dolor!

Si eres una persona que sufre intensamente de dolor, entonces es muy probable que dietéticamente estés muy intoxicado. Para una desintoxicación más rápida y segura he diseñado la *dieta desintoxicante y reductiva* de 7 días.

Te recomiendo que la leas y la practiques mínimo una semana, pero si estás muy obeso u obesa o padeces de constipación crónica y tienes el vientre muy abultado, entonces debes practicar esta dieta por cuatro a doce semanas según el caso. Verás como el vientre se va aplanando, se corrige el estreñimiento, te sientes más ligero y tus dolores van desapareciendo. En intoxicaciones graves con alimentos, obesidad extrema, enfermedades crónicas, degenerativas y difíciles de sanar, recomiendo hacer este plan por 12 semanas o 3 meses.

Dieta desintoxicante
y reductiva de 7 días:

Regla principal: esta dieta **no** es de hambre. No importa la cantidad que coma, lo importante es la calidad. Si tiene hambre, no tenga miedo: coma lo concerniente al día que le corresponde. Una cucharita de miel de abeja 2-3 veces al día retira el hambre y la debilidad.

Primer día:

Permitido comer:

Frutas de estación: manzanas, mangos, peras, uvas, naranjas, piña, limón, plátano, guayaba, melón, sandía, etc. Las frutas más reductivas son: toronjas, naranjas, piña, manzana, papaya y mandarina. Las frutas más desintoxicantes son: limón, naranja, manzana y toronja. Las frutas con más azúcares son: plátano, mango y uva. Semillas secas: nuez, almendras, cacahuates, semillas de calabaza. La semilla con más aminoácidos, vitaminas y minerales es la nuez. Miel de abeja o de maguey si se es diabético o se padece de cándida.

Agua alcalina: 4-8 vasos de 8 onzas.

Segundo día:

Permitido comer:

Además de todo lo anterior: Ensalada de vegetales crudos. Tomate, lechuga, cebolla, acelgas, pepinos, espinaca, brócoli, repollo o remolacha, aderezado con limón y sal vegetal. Aderece con aceite de olivo puro extra virgen y prensado en frío, aderezado con mucho limón y sal de mar. Incluso puede usar un poco de miel para darle un toque agri-dulce. Vegetales cocidos al vapor: zanahoria, brócoli, chayote, berenjena. Viandas o tubérculos cocidos: papa, yuca, camote, etc.

Tercer día

Permitido comer:

Además de todo lo anterior: Leche alternativa de almendras, arroz, avena, coco o soya. Cereales sin guisar: arroz o avena cocida con agua o leche alternativa; trigo integral en pan, galletas o tortilla de trigo *sin levadura (saludable)*. Crema de elote, tortilla de maíz. Cebada perla cocida en agua y o leche de almendras. Cuscús, quínoa, amaranto, milllo.

Cuarto día:

Permitido comer:

Además de todo lo incluido en los días anteriores: Guisos con aceite de semilla de uva o de aguacate. Arroz frito y vegetales. Huevos orgánicos guisados.

Quinto día:

Permitido comer:

Además de todo lo incluido en los días anteriores: Leguminosas: frijol (habichuelas), lentejas, habas, chícharos, garbanzos, ejotes etc.

Sexto día:

Permitido comer:

Además de todo lo incluido en los días anteriores: Proteína vegetal de berenjenas, soya, champiñones, portobello, espirulina.

Séptimo día:

Permitido comer:

Además de todo lo incluido en los días anteriores: Pescado de escamas (salmón, mojarra, bacalao etc.). Carnes vegetales: de soya o de gluten. En los supermercados venden en la sección de alimentos congelados piezas de carne de soya para hamburguesa y carne molida o picada de soya para tacos y guisos. Asegúrese de que no tengan levadura y que no provengan de soya GMO (genéticamente modificada).

Ahora pasa al capítulo VIII para tu sesión diaria de Aurículo Masaje y Aurículo Presión del área del oído que más se acerque al síndrome doloroso que padeces. Conforme vas avanzando en la Aurículo presión del oído y la eliminación de los alimentos tóxicos de tu dieta, tu dolor irá disminuyendo poco a poco hasta desaparecer por completo de tu vida.

La oración de hoy:
DIOS PADRE: gracias por darme el día de hoy la oportunidad de aprender más acerca del origen de mis dolores, dame voluntad para dejar de comer los alimentos tóxicos a los que estoy acostumbrado(a) y ayúdame a aceptar el sabor de los alimentos naturales y que son más saludables.

De antemano te doy las gracias adelantadas porque sé que siguiendo este método 100% natural de auto-ayuda, podré por fin liberarme del dolor y de todas sus causas.

Amen

Repita esta oración tres veces.

Capítulo VI

Los metales en tu cuerpo

Los metales que los seres humanos usamos con frecuencia los podemos dividir en dos grandes grupos:

1.- Los metales fijos al cuerpo.
2.- Los metales no fijos o removibles.

Dentro de los **metales fijos** o adheridos al cuerpo tenemos:

a) Las amalgamas o plastificaciones de plata en los dientes.
b) Las coronas metálicas de oro o plata en los dientes.
c) Los puentes metálicos fijos en los dientes.
d) Los "frenos" metálicos para fijar y acomodar la dentadura.
e) Las prótesis metálicas en las coyunturas de la rodilla, cadera etc.

Dentro de los **metales no fijos** al cuerpo o removibles tenemos:

a) Cajas o puentes metálicos removibles en la dentadura.
b) Todo tipo de joyería en oro, plata, cobre etc. en forma de aretes, pulseras, cadenas, collares o anillos.
c) Metales de uso diario, cucharas, tenedores, vasijas metálicas para cocinar, herramientas de trabajo, etc.

Los metales contaminan o intoxican al cuerpo humano y lo enferman provocando dolor por dos razones poco conocidas y estudiadas:

1. Contaminación química o bioquímica.
2. Contaminación eléctrica o bioeléctrica (galvánica y por micro ondas).

Los metales que más frecuentemente hacen daño a nuestro organismo son, de mayor a menor frecuencia:

1.- Metales en la boca: (plata y oro en los dientes).
2.- Joyas, pulseras, cadenas, anillos y relojes de oro, plata y otros metales.
3.- Vasijas metálicas para cocinar nuestros alimentos diarios.

Plata y oro bucal

Desde hace más de 60 años los alemanes han estudiado la relación que existe entre cada diente de la boca con el cuerpo y encontraron que un diente en particular funciona como una resistencia eléctrica (o bio fusible) de uno o varios órganos y partes del cuerpo, por ejemplo: los dientes incisivos están relacionados con los riñones y la vejiga, los colmillos con los testículos y ovarios, las primeras premolares con el corazón y algunas articulaciones y las muelas de "juicio" o terceras molares (en el Caribe y Centroamérica les llaman cordales) con las hormonas, la energía y el sistema nervioso. A esta nueva ciencia la llaman Odontología Neurofocal y ya cuenta con adeptos en toda Latinoamérica y los EUA.

Los Dentistas Estadounidenses, por razones culturales e históricas (dos guerras mundiales entre EUA y Alemania), no reconocieron los adelantos que en materia de Odontología Neurofocal hicieron los alemanes y hace apenas unos cuantos años que empiezan a reconocer que la plata y el oro en la boca afecta el estado de salud general de toda la persona, sin embargo, estas nuevas generaciones de dentistas son una minoría y aún son más los dentistas norteamericanos renuentes a cambiar la vieja escuela que usa amalgamas de plata, coronas de oro y puentes metálicos para hacer reparaciones en la boca. Esto irá cambiando con el tiempo y la verdad prevalecerá.

1. Contaminación química:

*La **amalgama de plata** contiene una importante cantidad de **mercurio** (50%).*

Este metal, al estar en forma permanente en la boca, es ingerido diariamente en pequeñísimas cantidades las cuales, con el paso de los meses y años, se acumulan provocando intoxicación por mercurio, manifestándose con un síndrome muy común en nuestra época: neurastenia (neuro = nervio, astenia = debilidad) o debilidad de todo el sistema nervioso. A largo plazo provoca depresión.

El mercurio es la causa de que sean los dentistas los profesionistas que mayor tasa de suicidio presenten ya que, al trabajarlo casi diariamente, respiran sus vapores y la intoxicación en ellos es todavía mucho mayor que la de los pacientes que ellos mismos atienden. En estos profesionales de la salud, la depresión causada por el mercurio es tanta y tan grave que pudiera evolucionar en locura (psicosis) y/o suicidio. Naturalmente esto depende del grado y el tiempo de exposición al mercurio y de la susceptibilidad del terapeuta. En 20 años de práctica odontológica, un dentista respiraría el vapor de mercurio unas 10 mil veces si tan solo trabajara con dos amalgamas diarias por 240 días hábiles que tiene el año.

Los dentistas y los asistentes dentales obtendrían doble beneficio al no utilizar la amalgama de plata con mercurio:

a) beneficiarían al paciente
b) su salud no estaría en riesgo.

2. Contaminación electromagnética:

En mi segundo seminario de medicinas Alternativas, en 1991, me enseñaron que el cuerpo humano presenta una corriente electromagnética que fluctúa entre los 40 y 90 milivoltios (mv). Que la plata presenta una corriente eléctrica galvánica de 120 milivoltios y el oro de 440 mv y al estar insertada en los dientes el exceso de electricidad pasa por los huesos a las articulaciones, los nervios, los órganos y los músculos del cuerpo humano, causando, para sorpresa de los médicos ortodoxos, inflamaciones y dolor.

Todo esto forma parte de los estudios ya probados de la Odontología Neurofocal. Sin embargo, en unas cuantas mediciones que he hecho personalmente con un aparato llamado Digital Multimeter de Radio Shack ® encontré que la electricidad corporal fluctúa entre los 10 y los 50 mv.

En personas sanas y al aplicarle el polo positivo del detector eléctrico sobre la plata de un diente a una persona, su electricidad aumenta entre 60 y 110 mv. Esto lo hago sólo para probarle a la persona que la plata de su boca le está metiendo electricidad a su cuerpo y esta electricidad le está provocando lo que yo llamo dolores eléctricos.

¿Qué es un dolor eléctrico?

Si tú eres una persona que tiene un dolor en cualquier parte del cuerpo y ya acudió una, dos, tres y más veces al médico, quien le practicó muchos exámenes de laboratorio, incluyendo muchas radiografías y hasta resonancia magnética, concluyendo que no tienes nada, es decir, tu médico te dice "Usted no tiene nada" y le has respondido con un "pero me duele, algo he de tener" y el doctor te recuerda "lo siento, pero los exámenes de laboratorio no muestran nada, acuda con un psicólogo o psiquiatra, yo no puedo hacer nada por usted".

Tú sigues con tu dolor y ahora estas doblemente frustrado, primero por tu dolor que nada ni nadie te lo quita y ahora porque tu médico no sólo no pudo determinar la causa de tus dolores sino que, además, te trata como si estuvieras loca o loco, pensando que los dolores que presentas son ideas tuyas.

Si tu caso es como este, lo más seguro es que tu dolor sea un

Dolor eléctrico.

El más clásico de estos dolores y el más terrible también es el de la **neuralgia del trigémino**. La

Medicina Ortodoxa no tiene bien definida la causa real y concreta de este problema y es que esta medicina basa toda su terapéutica en las medicinas químicas de patente y en la cirugía. Ambos procedimientos son utilizados en la neuralgia del trigémino sin beneficiar en absoluto al paciente. La neuralgia del trigémino es el dolor más terrible que he conocido, comparado con una migraña, digamos que es por lo menos tres veces más fuerte que esta.

La razón por la que ningún examen médico puede detectar y/o determinar la causa y naturaleza de este dolor es porque la neuralgia del trigémino es de causa y naturaleza eléctrica y la Medicina Alopática Ortodoxa no tiene ningún interés en hacer estudios de la naturaleza eléctrica de los dolores porque sencillamente ningún analgésico químico resolvería este problema eléctrico. En pocas y muy claras palabras:

No es negocio para los laboratorios determinar las causas eléctricas de los dolores.

Nueve de cada diez personas que hemos ayudado a auto resolver su problema de neuralgia del trigémino tenían una cantidad enorme de plata u oro en la boca. Ya sea que tengan más de 5 amalgamas, una corona de oro o dos de plata, una caja o puente metálico, una o varias endodoncias etc. Una vez retirado los metales de la boca y siguiendo la dieta naturista general la recuperación es lenta, gradual pero segura. La eliminación total del dolor de neuralgia del trigémino puede fluctuar entre los 6 meses y uno año y medio.

La dieta y el uso de plantas herbales como el ginseng Koreano, la valeriana y el complejo B juegan un papel crucial en la recuperación total. Sin embargo, en cualquier otro tipo de dolor eléctrico la recuperación es mucho más rápida.

Recuerdo el caso de un joven de 23 años, trabajaba como soldado naval en los EUA, llegó a mi oficina con un dolor de espalda baja, crónico, multi tratado por los médicos ortodoxos en los últimos tres años sin obtener alivio alguno. Este joven había pensado seriamente en retirarse del ejército, que era su pasión, porque el dolor de cintura era terrible. No tenía ningún antecedente de caída o golpe alguno. Lo primero que pensé por los antecedentes fue en un dolor eléctrico, le revisé la boca y para mi sorpresa no había ningún metal. Le revisé el cuello y las manos buscando joyas y encontré una pulsera de cobre en la muñeca derecha. Por la apariencia de la pulsera llegué a mis conclusiones y le dije al soldado:

- ¿Cuántos años tienes con ese dolor?
- R. cinco años
- No soy adivino, pero apuesto que tienes 5 años con esa pulsera y no te la quitas ni para dormir
- R. Así es
- ¿Quieres que te quite ese dolor para siempre?

- R. Nada ni nadie ha logrado siquiera calmármelo un poco. ¿usted cree que pueda quitármelo?
- No creo. Estoy seguro. Ahora quítate esa pulsera.

Se quitó su pulsera con agua y jabón y procedí a aplicarle la técnica de Aurículo Analgesia en el oído. Después de la última presión le pedí que se levantara y buscara sus dolores.

- ¡Esto es increíble no siento dolor! ¡No lo puedo creer!
- Yo le dije "Es increíble, pero no es imposible, esta técnica para decirle Adiós al Dolor es maravillosa".

Se puso a hacer ejercicios que antes de la técnica le provocaban dolor. Sin ocultar su admiración reconoció que el dolor había desaparecido. Le expliqué que lo que tenía era un dolor eléctrico, que su pulsera de cobre (regalo de su mamá) actuó como una mini antena pararrayos, recibiendo microondas, que le atrajeron y metieron electricidad a su cuerpo, la electricidad se estancó en la cintura provocando lo que yo llamo un dolor eléctrico.

Lo único que hice fue quitarle la mini antena pararrayos o micro antena de celular, la causa del dolor y, con la técnica de Aurículo Analgesia, le retiramos el efecto de haber usado un metal en su cuerpo por cinco años. A varios años de distancia y ya sin pulsera de cobre (ahora usa una de cuero) el joven soldado se encuentra libre de dolor.

Si eres una persona con dolor y tienes metales fijos en la boca o joyas en el cuerpo no lo piense más:

*Elimina los metales de tu boca y las joyas de tu cuerpo y **dile adiós al dolor.***

Visite un buen dentista y exíjale que le extraiga la plata o el oro de su boca. Si su dentista no desea hacer el trabajo busque otro hasta que encuentre uno que esté dispuesto a escucharlo(a) y retiren la mina de oro o plata que tiene en su boca.

Retírese de su boca la mini antena de radio, de celular, receptora de microondas de frecuencia AM y FM o antena micro pararrayos, en caso de cajas metálicas son como mini antenas parabólicas.

Con tantos celulares y tantas antenas de celular en las ciudades, la cantidad de radiación electro magnética que recibimos cada día es verdaderamente impresionante y los metales en nuestro cuerpo las atraen y las fijan a nuestro organismo causando muchos trastornos de índole eléctrica.

Ya no atraiga más electricidad a su cuerpo.
Deje de ser un pronosticador del mal tiempo.

Cada vez que va a llover o a hacer frío tú eres el primero en saberlo y muchas veces anticipas el mal tiempo primero que el "weather chanel" (canal del tiempo). Esto se debe a que las mini antenas que traes en tu boca captan los cambios electromagnéticos y barométricos del ambiente. Cuando va a llover, así como ves rayos eléctricos en el cielo, también la atmósfera que respiras tiene electricidad, esta entra a tu cuerpo por los metales que portas lo que te provoca dolores eléctricos. Esta es la razón por la que los días grises, de lluvia y frío, son los más malos para ti y tu salud.

Dígale adiós a sus dolores:
Elimina las micro antenas metálicas que funcionan como antenas de celulares de tu boca y las joyas de tu cuerpo.

Si aún no estás convencido de que los metales en tu boca son causantes de dolores eléctricos, compartiré contigo mi experiencia sobre un terrible mal llamado fibromialgia (también llamado fatiga crónica) y que se caracteriza por dolores musculares, de huesos y de coyunturas de prácticamente todo el cuerpo. Cuando alguien me pregunta qué es la **fibromialgia**, yo les contesto:

Es un dolor de la cabeza a los pies, pasando por todas las fibras de tu cuerpo.

La medicina ortodoxa alopática dice que no sabe la causa y que no tiene cura. Si de algo sirve este libro es el de descubrir la verdad acerca del dolor de la fibromialgia y su naturaleza. Gloria a

Dios Padre he liberado a cientos de personas de este terrible mal muy común en nuestros días.

La fibromialgia es causada mayormente por metales en la boca (90%) y por joyas de oro o plata que no se quitan ni para dormir por muchos años. La naturaleza del dolor de la fibromialgia es totalmente electromagnética (microondas). Los metales funcionan como receptores de microondas y como emisores de electricidad en milivoltios.

Personalmente he hecho cientos de mediciones y esta es la verdad que ahora comparto contigo. Ya se encargaran los centros de investigación científica de corroborarlo en su momento. Por lo pronto beneficiate tú con este conocimiento tal y como cientos de mis seguidores se han beneficiado y se han sanado de esta enfermedad aparentemente incurable.

El cansancio crónico en personas con fibromialgia es debido a la intoxicación con mercurio de la que ya hable anteriormente en este capítulo. Así que:

*Dile Adiós a los metales de tu boca
y tu cuerpo y así le dirás Adiós a la
Fibromialgia y Adiós al Dolor.*

Para más detalles sobre cómo limpiar tu cuerpo del mercurio, una vez retirado los metales de tu boca, consulta la obra "Limpiar, Nutrir y Reparar" del mismo autor (Editorial Palibrio 2013). "Para ver un testimonio en youtube.com buscarlo como *Fibromialgia, la cura definitiva.*"

Otra causa de dolores de origen eléctrico son los enchufes o cajas donde se conectan los aparatos electrónicos en casa. Tanto los enchufes como los cables que allí se conectan generan campos electromagnéticos muy nocivos para la salud. Debemos de evitar el dormir o sentarnos muy cerca de estos enchufes y estos cables porque sus campos electromagnéticos nos podrían causar dolores de origen eléctrico.

Otra causa de dolores eléctricos: enchufes y cables eléctricos.

Como anécdota les comento que un día, durante un seminario estaba yo sentado y a mi espalda había una columna que tenía un enchufe eléctrico. De momento no sentí nada, hasta que alguien me ofreció agua alcalina para tomar. Inmediatamente tome el agua y un dolor en el área de los dos riñones me atravesaron horizontalmente la espalda y en media hora sentía como si me hubieran clavado un machete o espada de lado a lado atravesando los dos riñones. El dolor repentino fue tan insoportable que tuve que salir del salón y hacer unos ejercicios que ayudan a aliviar el dolor de espalda y acomodar las vertebras.

Ya aliviado del dolor, caí en la cuenta de lo que estaba pasando cuando regresé a mi asiento, volví a tomar el agua alcalina y el dolor regresó de nuevo con la misma intensidad. En ese momento estaba ofuscado por el dolor, no sabía lo que me estaba pasando, hasta que alguien me pidió permiso para conectar un aparato en el enchufe que esta a mis espaldas, precisamente sobre mi cabeza.

En ese momento me di cuenta de que el centro de mi columna estaba alineado con la línea de fuerza eléctrica que alimentaba al enchufe y que no fue coincidencia que al tomar le agua alcalina me iniciara el dolor y luego se me acrecentara al volver a tomarla. Los electrolitos del agua (sales minerales) captaron la radiación electromagnética del cable eléctrico y ésta se concentró en el área de los riñones, donde más agua y electrolitos hay.

Mi médula espinal funcionó como conductor del electromagnetismo y los riñones como condensadores de la energía eléctrica. Así fue que el dolor se sentía tan intenso como un choque eléctrico en los riñones o el corte de un sable sobre los mismos. Les comparto esta experiencia para que tomen precauciones y se alejen de cables eléctricos y enchufes.

Ahora pasa al capítulo X para tu sesión diaria de Aurículo Analgesia con digito presión del área del oído que más se acerque al síndrome doloroso que padeces. Conforme vas avanzando en la Aurículo presión del oído, la eliminación de los alimentos tóxicos de tu dieta y la eliminación de los metales de tu cuerpo, tu dolor irá disminuyendo poco a poco hasta desaparecer por completo de tu vida.

Oración

DIOS PADRE: gracias por concederme un día más, gracias por enseñarme lo que nadie me había explicado antes. Que estos metales que traigo en mi boca y estas joyas que acostumbro a usar me provocan dolores eléctricos. A partir de hoy me hago el firme propósito de liberarme para siempre de la plata y el oro de mi cuerpo. Usaré las joyas sólo en momentos especiales y por unas cuantas horas. Gracias por irme liberando poco a poco, pero para siempre de estos dolores.

Amén.

Repetir esta oración tres veces en voz alta.

Capítulo VII

Magnetos contra el dolor

Otras alternativas

En el plan divino de la creación nada está de más ni de menos. Todo tiene un propósito y este propósito es bueno a los ojos de Dios Padre, de los hombres y mujeres de buena voluntad. Dios Padre creó la Medicina Natural a través de la Naturaleza y a través de la inteligencia del hombre creó la Medicina Alopática, la Quiropráctica, la Homeopatía, la Acupuntura, la **magnetoterapia**, la Hidroterapia, la Aurículo Analgesia, el Masaje terapéutico, la Digito puntura, el Masaje auricular, el Tai-Chi (Yoga dinámico y terapéutico Chino), el Liang-Gong (Gimnasia terapéutica China), el Tao-yin (el Auto masaje Chino) etc.

Todas y cada una de estas técnicas cumplen con alguna función en el plan divino. Todas son piezas de un mismo rompecabezas. El médico o terapeuta que conozca bien todas las piezas de este rompecabezas podrá ofrecerle a su paciente o cliente la técnica y/o terapia que mejor le sirva al propósito primero y último de la Medicina: la sanidad total. A esta medicina que conjuga todos los sistemas de sanación en uno sólo se le llama: Medicina Holística (holos = todo).

En la Enciclopedia Médica Mosby's ©, la más completa referencia médica en software para el hogar (en 1999) encontramos las siguientes definiciones de los más frecuentes y usados sistemas terapéuticos del mundo para tratar toda clase de enfermedades:

Cuidado de salud holístico: un sistema de salud total donde se consideran las necesidades físicas, emocionales, sociales, económicas y espirituales de los pacientes.

Alopatía: un sistema de tratamiento de enfermedades que consiste en crear un estado donde la enfermedad no pueda prosperar, el tratamiento consiste en provocar el efecto opuesto al síntoma a tratar. Por ejemplo: si el síntoma es fiebre se da un medicamento antifebril; si hay inflamación un anti-inflamatorio, si hay dolor un analgésico.

Médico alópata: un doctor que trata las enfermedades y las lesiones con tratamientos activos, como medicinas y cirugías. La mayoría de los doctores en los Estados Unidos Americanos son alópatas.

Quiropráctica: sistema terapéutico basado en la teoría de que el estado general de salud es determinado por la condición de los sistemas nervioso y músculo esquelético. El tratamiento que dan los quiroprácticos incluye manipulación de la columna vertebral. Utilizan rayos X con fines diagnósticos. No usan medicamentos ni cirugías.

Homeopatía: un sistema de salud basado en la teoría de que lo "similar cura lo similar". El tratamiento consiste en dar dosis muy diluidas (1 a 10) de plantas y drogas que causan los mismos síntomas que se están tratando. Por ejemplo: en caso de fiebre se da un medicamento diluido que a dosis normales causaría fiebre.

Naturopatía: sistema de tratamiento de enfermedades que consiste en usar alimentos naturales, luz solar, calor, agua aire fresco, masaje, ejercicio regular, y evitar los medicamentos. Sus practicantes creen que las enfermedades pueden ser sanadas naturalmente por el cuerpo utilizando solo medios naturales.

Acupresión: terapia que consiste en aplicar presión en varios puntos del cuerpo. Es usada para calmar el dolor, provocar anestesia o controlar las funciones de los órganos.

Acupuntura: una terapia que sirve para aliviar el dolor o cambiar el funcionamiento del cuerpo. Agujas de metal fino son insertadas en la piel sobre puntos ordenados en líneas llamadas meridianos. Las agujas son rotadas, conectadas a unas pequeñas cargas eléctricas o calentadas.

La definición que no encontré en esta enciclopedia médica familiar fue la de *Fitoterapia*: sistema terapéutico que consiste en usar plantas medicinales para tratar cualquier condición patológica. De hecho es el sistema terapéutico más antiguo del mundo. La biblia dice:

> *"...y su fruto será para comer, y su hoja para medicina."*
> (Ezequiel 47.12)

Como puedes notar amigo lector, la mayor parte de los doctores en el continente americano son alópatas y su terapéutica consiste principalmente en dar medicamentos y hacer cirugías. Todos sabemos que los medicamentos de patente (químicos de laboratorio) salvan miles de vidas en los centros hospitalarios de todo el mundo. Sin embargo, el uso indiscriminado de los mismos pudiera provocar efectos nocivos para la salud de las personas que los consumen y, además, no están diseñados para sanar enfermos sino más bien para controlar enfermedades.

Durante mi carrera como médico cirujano y partero mi maestro de Farmacología fue el Dr. Alfredo Piñeyro Moreira, jefe del departamento de farmacología, postgraduado en Alemania. En mi época de estudiante fue Director de la Facultad de Medicina y Rector de la Universidad Autónoma de

Nuevo León. Él nos enseñó que el médico que le da a sus pacientes más de tres medicamentos corre el riesgo de provocar interacciones que podrían ser peligrosas para la salud de los mismos.

Efectos nocivos de los Medicamentos

Para que tú puedas decirle "Adiós al Dolor" y a las enfermedades que lo provocan es preciso que elimines sus causas. Si ya desintoxicaste tu cuerpo, liberándote de los alimentos tóxicos industrializados y además eliminaste los metales de tu boca y las joyas metálicas de tu cuerpo, ahora es tiempo de revisar los medicamentos que tomas.

Consulta con tu médico de cabecera sobre los posibles efectos secundarios y nocivos que pudieran causarte los medicamentos que te prescribe. Si no estás conforme con sus respuestas, busca una segunda opinión médica o en última instancia haz una búsqueda personal en la red de internet con cualquiera de los buscadores más populares como el Google ® o Yahoo ®. Sólo tienes que colocar el nombre del medicamento en la ventana de búsqueda seguido de las palabras "efectos colaterales". Verifica si alguno de los efectos colaterales que se mencionan ya están presentes en tu cuerpo y si es así, comunícaselo a tu médico para que haga los cambios que considere pertinentes.

En mi experiencia como naturista he logrado liberar del uso de medicamentos de patente a miles

de personas que han entendido las causas de sus
problemas de salud y han actuado en consecuencia
con responsabilidad. He sustituido el cuadro básico
de medicamentos de patente por un cuadro básico
de plantas medicinales a los que les llamo formulas
exclusivas.

Si buscas un tratamiento natural y alternativo,
consulta algunas obras de este mismo autor
donde hable de Plantas Medicinales (Formulas
Exclusivas) y obtén información sobre como
adquirirlas y modo de empleo.

Pasemos ahora al tema principal de este capítulo.
Magnetos que alivian el dolor:

Desde la antigüedad se han utilizado magnetos
(imanes) con fines terapéuticos. Casi todas las
culturas y civilizaciones del mundo antiguo
tienen referencias sobre la utilización de piedras
imanes con fines terapéuticos. Referencias más
completas sobre Biomagnetismo moderno las
puedes estudiar en la obra sobre la negativización
del virus del SIDA VIH que está por publicar este
mismo autor.

Aún más detalles sobre cómo el magnetismo
terrestre nos da energía y nos nutre de corriente
electro magnética para darnos lo que se
conoce como "energía vital" los encuentra en
la obra "Limpiar, Nutrir, Reparar: adiós a las
enfermedades en tres pasos naturales" donde el

Dr. Salinas comparte sus descubrimientos sobre naturismo con la humanidad.

Lo práctico de este libro nos obliga a ser breves y directos con referencia a cómo usar el magnetismo de un imán para aliviar dolores. Y, afortunadamente para ti amigo lector, esto es muy simple.

Compra uno o dos magnetos en forma de tableta, de mil a 6 mil gauss, y aplica su **polo norte (N, negativo)** *en el área dolorosa por 10 a 30 minutos, de una a tres veces por día.*

Cuidado: nunca aplicar el **polo positivo**, (Sur, positivo) en el área dolorosa porque aumenta el dolor. **Nunca** usar imanes si tiene **cáncer**, a menos que un profesional se los aplique.

Como ya te diste cuenta es necesario tener ciertas precauciones al usar imanes o magnetos para aliviar el dolor. Resulta que un imán tiene dos polos opuestos uno del otro. Son dos extremos contrarios que radican en un solo objeto.

Polo Positivo: se le denomina **Sur** (S+), con carga eléctrica positiva. Sus electrones giran hacia la derecha de las manecillas del reloj.

Polo Negativo: se le denomina **Norte** (N -) con carga eléctrica negativa. Sus electrones giran hacia la izquierda de las manecillas del reloj.

El polo Sur (positivo), por las características electromagnéticas que tiene en sí mismo aumenta o acelera todas las funciones biológicas. Por esta razón *casi nunca se utiliza,* a menos que quien lo use sea un terapeuta debidamente entrenado y experimentado como los que practican Biomagnetismo médico que utilizan los dos campos tanto para valorar al paciente como para tratarlo. Esto significa que el Polo Sur aumenta y acelera el crecimiento y reproducción celular (por eso *no debe de usarse nunca en personas con cáncer* ni con infecciones por virus, bacterias, hongos o parásitos), aumenta la inflamación y el dolor.

Su energía de carga eléctrica positiva la utilizan los terapeutas sabiamente para aumentar las funciones de algunos órganos con deficiencias.

El polo norte (negativo), por las características electromagnéticas que tiene en sí mismo disminuye o desacelera todas las funciones biológicas. Por esta razón *casi siempre se utiliza* en medicina natural para *aliviar el dolor, la inflamación* y toda clase de infecciones. Aunque se sabe (y está probado ya) que este polo tiene efectos antitumorales (es decir, podría ayudar a reducir tumores benignos o malignos) se recomienda estrictamente que solo los terapeutas experimentados lo utilicen con sus clientes. Esto significa, estimado lector, que *si tienes cáncer no te auto recetes magnetos* ni para tu cáncer ni para tus dolores causados por el cáncer, podría ser peligroso para ti. Deja que un experto en la materia sea quien te oriente o te brinde sus consejos y tratamientos Biomagnéticos.*

* Albert. Roy Davis. Anatomy of biomagnetism. Publicate by the Albert Roy Davis Research Laboratory. Jun 1974.

Si no tienes cáncer o infecciones de ninguna clase, con toda tranquilidad puedes usar magnetos con su Polo Norte para ayudarte a aliviar el o los dolores que presentes.

CLASES DE MAGNETOS:

Hay dos clases de imanes:

1. Electro imanes.
2. Imanes permanentes.

Los electroimanes son artefactos en los que a un alambre de cobre se les hace pasar una corriente eléctrica, dicha corriente genera un campo electro magnético. Este campo solo dura lo que dura encendida la corriente eléctrica, en cuanto se apaga la corriente también se apaga o se anula el campo magnético. Son imanes temporales. El más conocido y de uso común en medicina es la Resonancia Magnética de Imagen.

Los imanes o magnetos permanentes son artefactos de metal como el hierro, níquel, cobre, neodimio, la cerámica ferrosa y otros materiales magnetizables que han sido físicamente imantados (magnetizados) por procedimientos industriales y mantienen su carga magnética intacta por muchos años. El promedio de duración de carga magnética de estos magnetos es de 100 a 200 años. Estos son los magnetos que usamos los terapeutas para nuestras terapias biomagnéticas. Y también son los que te recomiendo uses con fines de aliviar el dolor y la inflamación.

¿Qué magnetos usar para aliviar el dolor?

1. **Imanes rectangulares en forma de tableta:** pueden medir de una a tres pulgadas de largo por una a dos de ancho. Con fuerza electromagnética de mil a tres mil gauss (1 a 3 Teslas). Se usan por 20 a 30 minutos con el **Polo Norte** hacia la piel en aéreas grandes y extensas del cuerpo como el abdomen, el pecho, la espalda, los muslos etc.

2. **Imanes circulares en forma de monedas o medallones:** los hay pequeños, medianos y grandes, desde uno a dos centímetros con un diámetro hasta de tres a cinco centímetros. Su energía magnética fluctúa de entre 1000 a 6000 gauss (1 a 6 Teslas). Sirven para estimular áreas pequeñas y específicas como la glándula tiroidea, las amígdalas, los ojos, oídos, las suprarrenales, los riñones etc.

Se usan por 10 a 30 minutos. Su principal uso es en el Biomagnetismo médico con la técnica de despolarización del par magnético creada por el Dr. Isaac Goiz Duran en 1988, quien enseñó su técnica al Dr. Salinas en 1992. Con esta técnica el Dr. Salinas negativizó el virus del SIDA en 17 pacientes el año de 1994 en la Facultad de Medicina de la U.A.N.L.

Hay dos clases de magnetos circulares:

a) Los de superficie unipolar (clásicos del Biomagnetismo médico).
b) Los de superficie bipolar. Estos son lo que usó el Dr. Salinas en sus tratamientos Biomagnéticos, con los que negativizó el virus del SIDA en 1994.

Las dos clases de magnetos funcionan muy bien para aliviar el dolor, el único requisito es que siempre se utilice el **Polo Norte** del imán hacia la superficie del área que se va a tratar.

Foto de los magnetos bipolares SS1.

Foto: copyright 2014, Silverio J. Salinas.

Los magnetos bipolares SS1 del Dr. Salinas, también tienen un polo positivo o sur en la periferia del magneto, pero este polo esta disminuido y el núcleo del imán que es Norte o negativo esta aumentado. He tenido casos de personas que tienen 20 años con dolor y en unas cuantas sesiones se les desaparece por completo con estos imanes cuando aún la Aurículo Analgesia no les funcionó.

3. **Imanes circulares de neodimio en forma de pastillas pequeñas.** Estos son de 9,000 a 12,000 gauss de potencia magnética (9 a 12 Teslas) y sirven para anular puntos dolorosos. Los hay de acero inoxidable y chapado en oro para los muy sensibles de la piel. Se consiguen en tiendas especializadas donde venden equipos de acupuntura en la sección de magnetos. La técnica es muy simple pero también muy efectiva para aliviar el dolor.

Primero se detecta el área dolorosa, luego se busca el punto más doloroso con la punta del dedo índice y se procede a aplicar un magneto de neodimio en dicho punto, *siempre usando el lado negativo o Norte del imán el cual viene marcado con un punto.* En un área dolorosa como la rodilla, se identifica primero el punto más doloroso y se aplica el magneto, luego se identifica el segundo punto más doloroso y se aplica el segundo magneto y luego se identifica el tercer punto doloroso y así sucesivamente hasta cubrir todos los puntos dolorosos. Normalmente en 10 a 20 minutos el dolor o desaparece o se libera hasta en un 70 a 90%. Allí se dejan los magnetos por 3 a 5 días y poco tiempo después se repite el mismo procedimiento hasta que se eliminan las causas del problema y se reparan las células afectadas con mi método de Limpiar, Nutrir y Reparar descrito en el libro del mismo nombre.

Se usan de uno a cinco días. Particularmente en casos de dolor de dientes (mientras se acude al dentista), dolores de rodilla crónicos, desgarros musculares o tendinosos o bien en dolores muy intensos de cualquier parte del cuerpo. Son tan fuertes estos pequeños imanes (miden menos de medio centímetro) que en tres minutos de haberse aplicado relajan el dolor cerca del 30% y en 20 minutos podrían desaparecerlo en la mayoría de los casos. Con estos magnetos y el plan alimenticio naturista general más suplementos naturales, he ayudado a muchas personas a evitar la cirugía de reemplazo de rodillas por prótesis cuando el desgaste es tan severo que hay contacto de hueso con hueso por desgaste de cartílagos.

4. **Cama magnética:** otro invento del autor de este libro es la cama magnética. Estas camas tienen un *campo magnético norte* uniforme de más de cinco mil gauss de potencia. El polo sur de estas camas es dirigido hacia el suelo y no tiene ningún contacto con la persona que se acuesta en ella. Los efectos ya estudiados por Albert

Roy Davis (8) del Polo Norte de este y cualquier imán son:

a)   Anti inflamatorios.
b)   Analgésicos.
c)   Anti depresivos.
d)   Anti tumorales.
e)   Regenerativos.
f)   Rejuvenecedores.

De momento estas camas magnéticas, diseñadas y desarrolladas por el Dr. Salinas, solo existen en algunas partes de México, EUA, Costa Rica y Bolivia. El tiempo de uso varía desde una hora por semana hasta de 5 a 10 horas cada semana o quincena. Aunque tiene múltiples usos fue diseñada con el propósito de reducir tumores y aumentar la calidad y cantidad de vida de las personas con cáncer.

Para los propósitos de este libro la cama magnética sirve también para relajar la tensión, el estrés y aliviar el dolor o dolores por su marcado efecto anti inflamatorio y analgésico. Ideal para aliviar los dolores de todo el cuerpo como sucede en personas con fibromialgia, aunque en estos casos la técnica de Aurículo Analgesia también alivia el dolor.

Cama Magnética Mexica PMRT12T60, invento del Dr. Silverio Salinas con fines de relajación.

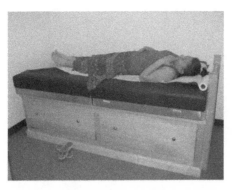

Foto: Copyrigth 2014. Silverio J. Salinas.

La oración de hoy:

Señor te doy las gracias por mostrarme el camino que poco a poco me conduce a aliviar mi dolor y a resolver mis enfermedades. Gracias por este conocimiento nuevo que acabo de aprender sobre los poderes analgésicos y de sanación de un imán con su Polo Norte y de los cuidados que debo de tener con su Polo Sur. Usaré el Polo Norte del imán para aliviar mis dolores.

Amén.

Capítulo VIII

La vida sedentaria y
los ciclos vitales

La vida sedentaria.

La vida sedentaria es llevar una vida sin actividad física importante. La persona no hace ejercicio. Antes de que el hombre creara la vida sedentaria en ciudades (civilización) éramos nómadas, caminábamos y corríamos de 3 a 30 kilómetros diarios para buscar alimentos y refugios. Con la agricultura llego el sedentarismo y la civilización.

Los ciclos vitales:

Los ciclos que mantienen la vida y la salud en equilibrio son:

1.- Alimentación-Excreción.
2.- Actividad-Reposo.

Si observamos la Naturaleza y todos los seres vivientes, estos ciclos actúan como

Leyes de la Naturaleza.

Estos dos ciclos encierran todos los secretos de la Medicina Natural. Si los entendemos y, sobre todo, los respetamos cuidando de no romperlos, entonces nuestra vida estará en equilibrio y armonía con la naturaleza.

Primer ciclo: Alimentación-Excreción

El primer ciclo se refiere a comer y evacuar. En el capítulo cuatro y cinco (La Dieta) te doy la lista de los alimentos que no debes de comer y los que si debes de comer de acuerdo a mi experiencia. Lo que no tocamos es el asunto de la excreción.

La mitad del éxito de todos los sistemas naturales para tratar cualquier enfermedad depende de la limpieza intestinal adecuada mediante una evacuación correcta de todas las excretas.

El cuerpo humano se alimenta de aire, agua, alimentos vegetales y desafortunadamente carnes de animales. El aire provee oxígeno a la sangre durante la inspiración y su desecho, el bióxido de carbono, se excreta por el pulmón en la espiración. El agua entra por la boca y el tubo digestivo, se absorbe y pasa a la sangre y de ahí a todas las células del cuerpo, arrastrando consigo todos los metabolitos, sustancias de desecho celular, excretándose por la orina a través de los riñones y por el sudor de la piel.

Por último, los alimentos sólidos son ingeridos por la boca y digeridos por los jugos enzimáticos de la saliva, estómago, páncreas e hígado, luego son absorbidos por los intestinos pasando al hígado para ser metabolizados y enviados a nutrir todas y cada una de las células del organismo.

Los desechos de toda esta digestión intestinal son excretas o inmundicias no aptas para ser ingeridas nuevamente porque contienen enorme cantidad de bacterias y productos químicos de desecho. La naturaleza es sabia y le ha dado a estas excretas mal olor para evitarlas y no contaminarse con ellas. Estas se evacuan por el recto a través de la defecación.

La persona que no excreta adecuadamente se llena de inmundicia sus intestinos y estos productos de desecho se absorben, pasan al hígado y la sangre creando las condiciones propicias para la evolución y progreso de las enfermedades. Las personas que padecen estreñimiento crónico, regularmente tienen el vientre abultado, porque al no excretar correctamente las heces acumuladas van inflando los intestinos ya que sus paredes son elásticas. Así que cuando se vea así mismo con el vientre abultado (a menos que esté embarazada) no piense que lo que tiene dentro es grasa, porque aunque una pequeña parte es grasa, la mayor parte del abultamiento es excremento.

El problema del estreñimiento crónico se corrige fácilmente con un cambio radical en la dieta, tomando agua alcalina suficiente en calidad y cantidad y comiendo alimentos ricos en fibra. Le recomiendo que haga la dieta desintoxicante y Reductiva de 7 días (capítulo V) de 1 a 4 semanas.

Otro método de corrección del estreñimiento es hacer lo siguiente todos los días (sin falta por unos tres meses): sustituya la última comida (la cena) por un plato grande de ensalada de vegetales crudos: tomate, lechuga, acelgas, brócoli, pepinos etc. Aderécelos con aceite de oliva extra virgen, miel de abeja, limón, sal vegetal y *sin vinagre*, todo a su gusto. Tome 4 vasos de 8 onzas de agua alcalina en ayunas diariamente. Esto hace un efecto de laxante suave. Compre un filtro alcalino económico. Esta es la manera más fácil, rápida y económica de corregir el estreñimiento crónico.

Otra gran ayuda para corregir el estreñimiento crónico es el ejercicio regular. Este estimula el peristaltismo o movimiento intestinal. Regularmente las personas constipadas y con el vientre abultado son personas que llevan una vida sedentaria.

Para que tú, amigo lector, puedas decirle Adiós a tus Dolores, es absolutamente necesario que normalices tus evacuaciones y cambies tu estilo de vida sedentario e inicies un programa regular de ejercicios (con la ayuda y consejo de tu médico).

Por lo pronto en este capítulo encontrarás una guía sencilla para que cambies tu vida sedentaria por una vida activa de acuerdo a tu situación actual.

"Ve a la hormiga, oh perezoso. Mira sus caminos y sé sabio"

"Perezoso, ¿hasta cuándo has de dormir?
¿Cuándo te levantarás de tu sueño?".
(Proverbios 6.6.9)

¡Despierta ya! El señor dice que es tiempo ya de activarse y decirle adiós al dolor.

"y gozo perpetuo habrá sobre sus cabezas;
tendrán gozo y alegría, y el dolor y el gemido
huirán"
(Isaías 51.11).

Capítulo IX

Ejercicios para la salud

Segundo ciclo: **Actividad-Reposo**

Este ciclo se refiere al ejercicio y el descanso. En este capítulo te voy a enseñar una sencilla serie de ejercicios de la Gimnasia Terapéutica China, llamados Liang-gong. Originalmente fueron creados 18 ejercicios imitando los movimientos de los animales (imitando la naturaleza) con el fin de obtener salud, energía vital y armonía con Dios y la naturaleza. Te voy a enseñar los 7 ejercicios más importantes.

Los chinos taoístas gozan de buena reputación como pueblo longevo algunos ¡viven 90, 100 y 110 años! Sin achaques, es decir, sin diabetes, artritis y sin alta presión gracias a su dieta, sus ejercicios y sus plantas medicinales. Mueren de muerte natural. El récord mundial de longevidad lo tuvo un chino que murió hace pocos años, vivió 240 años, habitaba en el campo como ermitaño, se alimentaba sólo de agua, raíces, semillas y frutos del campo.

No pretendo que vivas 200 años, lo que pretendo es que si vas a vivir 60, 70, 80 o 100 años, los vivas bien, con salud, disfrutándolos y gozándolos.

Esta es la lista de ejercicios para la salud y para qué sirven. Aunque estos ejercicios son sencillos no son aeróbicos, no requieren de condición física previa y puede practicarlo hasta la persona más anciana en buenas condiciones, te recomiendo consultes a tu médico si necesitas una revisión médica antes de practicarlos, incluso llévale una copia de estos o muéstrale el libro para que te dé su aprobación. A menos que tus condiciones físicas estén muy deterioradas, no creo que tu médico te prohíba hacerlos. Si es posible regálale una copia para que él mismo los practique y observe sus beneficios.

Gimnasia Terapéutica China:
(Los nombres de los ejercicios han sido cambiados por adaptación al mundo occidental).

1.- "Recargando la batería"
Este ejercicio (fotografía 1-4) es muy vigorizante y energetizante, se recomienda hacer al inicio de la jornada o cuando más débil te sientas. Sirve para llenarse de energía vital (Chi, ki, prana) y liberar las tensiones acumuladas en los músculos

de la cabeza, cuello y hombros. Dolores de cabeza y cuello.

Fotografías 1 y 2: "Recargando la batería".

Se cruzan las manos, se estiran o empujan hacia abajo, antes de levantar las manos se exhala (se expulsa) todo el aire (fotografía 1). Se levantan empujando hacia el frente hasta llegar arriba (fotografía 2).

Fotografía 2: "Recargando la batería" Mientras vas subiendo las manos, cruzadas y empujando hacia el frente, inspira (entra, inhala) el aire por la nariz llenando los pulmones hasta el tope cuando las manos lleguen arriba.

3.　4.

Fotografía 3: "Recargando la batería" Es importante levantar todo lo que pueda las manos arriba y los brazos todo lo que pueda hacia atrás. Con el aire retenido, da 4 tirones hacia atrás.

Fotografía 4: "Recargando la batería" Conforme vas soltando los brazos hacia abajo, lentamente también ve soltando el aire por la nariz. Cuando llegues a nivel de los hombros (fotografía 4) da 4 tirones hacia atrás, luego a nivel de la cintura da otros 4 tirones.

"Recargando la batería" debe hacerse tres veces.

2.- "Levantando la barra"
Especial para liberar las tensiones del pecho, cuello, hombros, brazos y manos. Además sirve para fortalecer los músculos de esas áreas, así como dolores de hombros, espalda alta y pecho (fotografía 5 y 6).

5. 6.

Fotografía 5: "levantando la barra" Imagine una barra de acero invisible sostenida horizontalmente por sus manos. Desde la cintura la levanta hacia los hombros inspirando el aire por la nariz, (fotografía 5). Con los brazos empujándose hacia atrás, se levanta la barra hasta arriba (fotografía 6).

Fotografía 6: "levantando la barra" Con los brazos arriba y el aire adentro, da 4 tirones hacia atrás. Luego soltando el aire por la nariz ve bajando la barra a los hombros (fotografía 5) y después a la cintura.

"Levantando la barra" debe hacerse tres veces.

3.- "Mirando a través de la cerradura"

Igual que el anterior con especial atención a los músculos del cuello y espalda superior. Dolores de hombros, cuello y espalda alta, manos y codos (fotografía 7 y 8).

7.   8.

Fotografía 7: "mirando a través de la cerradura" Se hace el mismo ejercicio de "levantando la barra" y cuando baje la barra a nivel de los ojos se hace un círculo con los dedos pulgar e índice. Inspirando el aire por la nariz se gira el cuello a la derecha y mira a través del círculo de los dedos.

Fotografía 8: "mirando a través de la cerradura" Se hace el mismo ejercicio de "levantando la barra" y cuando baje la barra a nivel de los ojos se hace un círculo con los dedos pulgar e índice. Inspirando el aire por la nariz se gira el cuello a la izquierda y mira a través del círculo. Se exhala el aire al volver el cuello y la vista al frente. Hacer "mirando a través de la cerradura" 3 veces para cada lado.

4.- "Las cuatro direcciones"
Especial para ayudar a fortalecer y acomodar todos los músculos, ligamentos, vertebras y discos la espalda baja, cintura o área lumbar. Dolor de

cintura, lumbago, espalda baja, media y alta, así como la ciática (fotografías 9-12).

9   10.

Fotografías 9 y 10: "Las cuatro direcciones"

Fotografías 9 y 10. De pie, con las piernas abiertas, las manos en la cintura, se flexiona el tronco hacia el frente hasta llegar al nivel de la cintura (fotografía 10). La cara se mantiene viendo hacia adelante. Si la postura está orientada viendo hacia el polo norte es mejor.

Fotografía 11. Regresa a la postura inicial, es decir al centro de la cruz (fotografía 9); luego, exhalando el aire por la boca, flexiona el cuerpo hacia la izquierda, hasta donde puedas (fotografía 11). Regresa al centro inhalando el aire por la nariz (fotografía 9).

11.   12.

Fotografía 12: "Las cuatro direcciones" Dobla la cintura hacia atrás, todo lo que puedas sin lastimarte y sin caerte, inhalando el aire. Vuelve a la postura normal o central exhalando el aire por la nariz (fotografía 9).

13

Fotografía 13. Por último dobla la cintura hacia la derecha exhalando el aire y regresa al centro inhalando el aire (fotografía 9). Repite "Las cuatro direcciones" tres veces.

5.- "Estirando la espalda"
Especial para ayudar a fortalecer y acomodar todos los músculos, ligamentos, huesos y discos de

toda la espalda. Fortalece también los músculos del muslo y la pierna. Ayuda con dolores de espalda en general, de piernas y ciática (fotografía 13 y 14).

13.   14.

Fotografía 13: "Estirando la espalda" Con la pierna izquierda adelante, la derecha atrás, el brazo derecho apuntando hacia el frente saca todo el aire de tus pulmones por la boca.

Fotografía 14: "Estirando la espalda" Se levanta el brazo empujando hacia adelante y arriba, doblando la espalda hacia atrás todo lo que puedas sin lastimarte y respirando el aire por la nariz hacia adentro. Luego, espirando el aire por la boca, vuelve a la postura original. Cambia ahora con la pierna y brazo contrarios y repite "Estirando la espalda" tres veces de cada lado.

6.- "Girando las rodillas"
Fortalece y libera tensiones de las articulaciones de la rodilla, cadera y el tobillo. Dolores de rodilla cadera y tobillos (fotografía 15-18).

15.   16.

Fotografías 15: "Girando las rodillas". De pie, con los pies juntos, se levantan los brazos hasta arriba, inhalando el aire por la nariz.

Fotografía 16: "Girando las rodillas" Exhalando el aire por la nariz baja las manos hasta las rodillas.

17.   18.

Fotografía 17: "Girando las rodillas" Luego se doblan las rodillas, apoyando el peso del cuerpo sobre ellas, inhala el aire y gíralas hacia la derecha tres a cuatro veces.

Fotografía 18: "Girando las rodillas" Se repiten los pasos de las fotografías 15 y 16 con la diferencia que ahora se hace un círculo hacia la izquierda, en sentido contrario de las manecillas del reloj. Cuatro giros y se empieza de nuevo con la fotografía 15 y así nuevamente "Girando las rodillas" a la izquierda por tres veces.

7.- "Estirando la pierna"
Especial para fortalecer los músculos y ligamentos de las piernas así como para liberar de tensiones las articulaciones de la cadera, rodilla y tobillo. Ayuda con dolores de ciática, piernas, muslos, rodillas, pies y caderas (fotografía 19-20).

19.     20.

Fotografía 19: "Estirando la pierna" Da un paso hacia el frente con el pie izquierdo, avanza hacia adelante hasta levantar el talón derecho sin despegar ese pie del suelo, apoyando todo el peso del cuerpo sobre el pie izquierdo (delantero).

Fotografía 20: "Estirando la pierna" Sin dar ningún paso, ahora regresa el peso del cuerpo sobre la pierna derecha, doblando esa rodilla lo más que pueda sin lastimarse y levantando la punta del pie izquierdo sin despegar el talón del suelo. Entre más dobles la rodilla derecha mayor será el estiramiento que sentirás en la parte posterior de la pierna izquierda.

21   22

Fotografías 21 y 22: "Estirando la pierna" Repite la misma operación de "Estirando la pierna" con las piernas contrarias, es decir, la derecha adelante y la izquierda detrás. Haz este ejercicio de "Estirando la pierna" tres veces con cada pierna.

Fotografía digital por David I. Salinas:
(año 2013)

Rutinas para hacer caminata, trote y correr.

1.- Para personas que nunca hacen ejercicio:

Inicia con Gimnasia Terapéutica, como la que describo en este capítulo, dedícale por lo menos 10 minutos diarios, hazlo tan rutinario como comer o dormir, por lo menos una vez por día. La primer semana, mientras se aprende los ejercicios, haz un ejercicio de cada uno; la segunda semana haga dos de cada uno y a partir de la tercera semana haga tres de cada uno. Los Chinos hacen esto todos los días al despuntar el sol para iniciar el día con mucha energía y salud.

Además te recomiendo que camines 5 bloques de ida y vuelta (o cuadras de 100 metros cada una) o da 2 vueltas a la manzana de tu barrio a paso lento una vez por día. El primer día da una vuelta a la manzana o cuadra, el segundo día da dos vueltas y así ve aumentando cada día uno o varias cuadras o bloques. Cada semana puedes descansar uno o dos días tanto de los ejercicios como de la caminata.

La regla de oro es siempre hacer un poco más de lo que hiciste el día o la vez anterior.

2.- Para personas que hacen un ejercicio moderado:

Haz tu rutina diaria de Gimnasia Terapéutica de 10 a 15 minutos. Camina de ida y vuelta por lo menos 10 bloques o cuadras a paso regular o da 5 vueltas a la manzana, 2 a 3 veces por semana.

3.- Para personas que hacen un ejercicio rutinario:

Haz tu rutina diaria de Gimnasia Terapéutica de 15 a 20 minutos. Camina de ida y vuelta por lo menos 15 bloques o cuadras, o da 8 vueltas a la manzana a paso acelerado dos a tres veces por semana.

4.- Para personas que quieren aumentar sus resistencias y están en buenas condiciones físicas.

En la **rutina uno**: después de caminar el tiempo necesario para calentar, haz un trote lento y a pasos cortos.

En la **rutina dos**: después de caminar hasta calentar haz un trote lento primero y regula después a pasos normales.

En la **rutina tres**: después de caminar hasta calentar, haz un trote lento primero, regular luego y un trote rápido después, a pasos alargados.

En la **rutina cuatro**: hacer lo de la rutina tres y termina corriendo pocos minutos.

En la **rutina cinco**: hacer lo de la rutina tres y cuatro y terminar corriendo por lo menos 10 minutos.

En la **rutina seis**: termina corriendo por 15 minutos.

En la **rutina siete**: termina corriendo por 20 minutos.

En la **rutina ocho**: termina corriendo por 30 minutos. Y así sucesivamente podrás ir aumentando tus resistencias poco a poco.

Precauciones al hacer ejercicio:

1.- Consulta a un profesional antes de hacer cualquier programa de ejercicios. Si tienes algún problema de salud, consulta a tu médico.

2.- Cuando termines de trotar o correr, no te detengas súbitamente. Debes desacelerar tu cuerpo poco a poco. Dedica por lo menos 5 minutos a este proceso de enfriamiento. De correr pasa a trotar y de trotar pasa a caminar. Así podrás evitar accidentes cardiovasculares con el ejercicio extenuante.

La oración de hoy:

Gracias Señor por mostrarme a través del Dr. Salinas estos ejercicios que se serán de beneficio para mi salud y mi bienestar. Los haré con diligencia y siempre pensando en que me ayudarán a recuperarme de mis problemas de dolores y mis enfermedades también. Amén.

Capítulo X

Aurículo masaje

Bienvenido a la técnica
de aurículo masaje.

Antecedentes:

En los últimos meses de 1979, el autor de este libro cursaba la materia médica de Anatomía, en el primer año de la carrera como Médico Cirujano y Partero. Cuando tocó el turno de estudiar el pabellón auricular o la oreja, el maestro nos dijo que era un reducto de la evolución del hombre "no sirve para nada; el hombre puede oír perfectamente bien sin la oreja porque los órganos de la audición están en el oído medio, dentro del cráneo". "Es más", continuó el maestro, "los músculos de la oreja están atrofiados, solamente algunos yoguis pueden mover las orejas". Levanté mi mano para dar mi opinión y le dije al maestro que yo podía mover las orejas, "entonces eres un yogui" replicó mi maestro y todos mis compañeros y yo dejamos fluir la risa.

Ese era el concepto occidentalizado "científico" de la aurícula u oreja de entonces y creo que a 35 años de distancia (2014) no ha cambiado en nada. Con la globalización del mundo, el internet y la, ya en proceso, fusión de la cultura oriental y occidental, nos enteramos que los chinos utilizan la oreja con fines terapéuticos desde el año 200 antes de Cristo. Es decir, desde hace 2,200 años ellos practican la acupuntura en la oreja con fines de sanación. A esta técnica milenaria se le conoce como *Aurículo Terapia China*. Contrario a lo que los maestros occidentales de anatomía enseñan, los maestros de Medicina Tradicional China enseñan que el pabellón auricular tiene 220 puntos de acupuntura que debidamente estimulados provocan efectos terapéuticos en todo el organismo. Para ellos las orejas funcionan como antenas receptoras y emisoras de energía electromagnética y no es ninguna coincidencia que tengan un extraordinario parecido a las antenas parabólicas.

Diez años después de aquella clase de anatomía, que nunca se me olvidó, empecé a estudiar la Aurículo Terapia China por cuenta propia y conforme fui aprendiendo los 220 puntos auriculares y aplicándolos a mi práctica como médico (al ver los extraordinarios resultados en mis pacientes en México) entendí que la ciencia médica occidental estará limitada e incompleta si pretende seguir ignorando un conocimiento milenario y práctico como lo es *la Medicina Tradicional China*, que debiera ser considerada, al igual que *la Medicina Tradicional Mexicana:*

Patrimonio Mundial de la Humanidad.

Cinco mil años de Acupuntura China y tres mil años de Medicina Tradicional Mexicana no pueden ni deben ser ignorados en beneficio de un modernismo, sofisticación, tecnificación, industrialización y comercialización de la ciencia médica. Tratar de borrar la Medicina Tradicional de la memoria colectiva de los pueblos para satisfacer intereses mundanos, como la simple retribución financiera de los pocos y únicos beneficiarios de esto, nos ha hecho caer a los seres humanos en la deshumanización e incluso en la aberración de la práctica de la Medicina.

¿Cómo nació la aurículo analgesia?

En el primer año de la práctica de la Aurículo terapia China, en 1990, encontré que algunos pacientes de Nuevo Laredo Tamaulipas, México, regresaban a la consulta sin dolor. Intuí que existía un punto en la oreja para cada parte anatómica del cuerpo y me di a la tarea de buscarlos.

Tres años después, gracias al primitivo sistema de error-acierto, después de 10 mil consultas y la aplicación de por lo menos 60 mil estímulos auriculares, borré de mi mente los errores y me quedé con los aciertos, descubrí los 500 puntos de

Aurículo Analgesia y el mapa perfecto, exacto, del cuerpo humano sobre la oreja.

Estos 500 puntos están repartidos en los *Meridianos de Acupuntura Auricular* con los cuales, y junto con los antiguos puntos de Aurículo Terapia China, completamos los 630 puntos clásicos corporales pero esta vez sobre la oreja. En otras palabras antes de la Aurículo Analgesia la acupuntura en el oído era incompleta con 200 puntos; después de la Aurículo Analgesia, la acupuntura corporal, de 630 puntos se puede hacer bien en el oído.

Mi aportación a la Medicina Tradicional China son estos tres descubrimientos:

1.- *500 puntos de Aurículo Analgesia (430 de ellos no existen en la Aurículo terapia China).*

2.- *Los Meridianos de Acupuntura Auricular a los que llamo "Líneas de Analgesia".*

3.- *Primer Cartografía Auricular Humana.*

Naturalmente, y como ya expliqué antes, en este libro no enseño Aurículo Analgesia porque está reservada para los profesionales de la salud, por lo amplio y complejo de dicho conocimiento. Para más detalles revise el Capítulo XI de Aurículo Analgesia.

Lo que sí enseño en este libro para ti, amigo Lector, que sufres de dolor y no has encontrado la solución a tu problema, es el Aurículo Masaje, que te ayudará a decirle Adiós al Dolor. Este es fácil de aprender, fácil de practicar en casa, en la oficina, en el coche o en el avión. Lo único que necesita es una mano, dos dedos y saber dónde vas a masajear. También tu compañero o compañera o algún familiar pueden darte el Aurículo masaje.

Técnica Aurículo Masaje (Auto Masaje)

Mi primer contacto con el Masaje Auricular lo tuve siendo estudiante del sexto año de Medicina en 1984, al mismo tiempo me iniciaba en el estudio de las bases de la *Medicina Tradicional China* como parte de un entrenamiento especial como Instructor de Kung Fu, arte marcial chino.

Practicando el auto masaje chino entendí por primera vez el mensaje implícito en la enseñanza de Jesús que dice:

"amarás a tu próximo, como a ti mismo"
(Mateo 22.39).

¿Cómo puede uno amar a los demás? y lo que es más importante, ¿cómo puede uno demostrar su amor a los demás si estás enfermo, débil, adolorido y quejumbroso o "achacosa"? Veo en mi mente a la abuela que quiere cargar a su nieto de tres años pero se detiene porque la última vez que lo hizo sufrió una fractura en una vértebra lumbar porque padece de osteoporosis. Cuando te amas a ti mismo y cuidas tu cuerpo físico, tienes fuerzas suficientes para brindar tu amor a los demás.

Ámate a ti mismo, no permitas que entren a tu cuerpo alimentos tóxicos, retira de tu boca y tu cuerpo todos los metales, infórmate bien sobre los medicamentos que tomas (cuida que no te intoxiquen), haz ejercicio regularmente y así evitarás la enfermedad y su consecuencia: el dolor. Si estás sano, estarás también en capacidad para manifestarle tu amor a tus parientes y al prójimo.

Reflexología Auricular:

Seguramente, amigo lector, habrás oído hablar de la Reflexología podal (de los pies). Esta consiste en dar un masaje enérgico a ciertas zonas del pie con el fin de provocar un efecto terapéutico. Esto funciona también para aliviar ciertos dolores y es una práctica que se está haciendo cada vez más popular en occidente. Funciona gracias a que las terminaciones nerviosas del pie están conectadas al cerebro y este, a su vez, con todos y cada uno de los órganos y sistemas corporales.

Pero aquí no acaba la Reflexología que, como su nombre lo indica, trabaja a través de reflejos, es decir, yo estimulo un punto en la piel y, como reflejo, obtengo un efecto terapéutico en el órgano que le corresponde neurológicamente o reflexológicamente hablando. Existe también la

Reflexología en las manos y esta nos sirve con fines diagnósticos a los terapeutas. El iris del ojo sirve para hacer lectura de las condiciones en que se encuentra el organismo, gracias también a los reflejos o Reflexología corporal.

Los Chinos hacían Reflexología auricular por medio de acupuntura en la oreja desde hace 2,200 años y hoy tú te puedes beneficiar de esas prácticas milenarias, sin agujas, sin penetrar la piel (no es invasivo), solamente masajeando el oído o presionando algunos puntos de la oreja podrás obtener algún efecto terapéutico.

Entremos ahora de lleno a la técnica de aurículo masaje,

Anatomía reflexológica de la oreja:

Cada parte anatómica de la oreja tiene relación refleja con alguna región del cuerpo humano. En forma muy general y sencilla le explicaré las relaciones reflejas de la anatomía de la oreja con tu propio cuerpo.

Anatomía reflexológica de la oreja
Ver la grafica anatómica No 1 y No 2.

Fosa Cimba: todos los órganos del abdomen: estómago, intestinos, riñón, vejiga, próstata, páncreas, vesícula e hígado.

Fosa Cava: todos los órganos del tórax: corazón, pulmones y el bazo. Antitrago: cabeza.

Lóbulo de la oreja: cara.

Fosa escafoidea: extremidades superiores.

Fosa triangular: órganos reproductores. Anti-hélix: columna vertebral.

Ramas del anti-hélix: extremidades inferiores

Ver la gráfica anatómica No 1 y compararla con la gráfica anatómica No. 2.

Para mejor referencia y entendimiento sobre la anatomía de la oreja y su relación con cada parte del cuerpo, en esta tercera edición (2014), les regalo el diseño de la anatomía humana sobre la oreja que descubrí y desarrollé entre 1991 y 1996 y el cual me permite aliviar o eliminar el dolor de cualquier parte del cuerpo en segundos con la técnica de Aurículo Analgesia.

Si observas bien, te darás cuenta que el cuerpo humano refeljado en la oreja se parece mucho al cuerpo de un bebito en posicion fetal, de cabeza, como si estubiera justo antes de nacer.

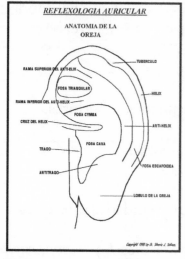

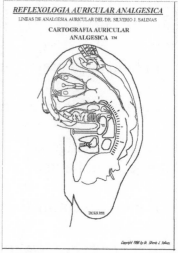

Grafica anatómica No. 1   **Grafica anatómica No. 2**

Grafica Anatómica No 1. Anatomía de la oreja.

Grafica Anatómica No 2. Anatomía humana reflejada en la oreja.

Con esta segunda gráfica podrás entender que masajear la oreja es como masajear tu cuerpo y al aplicar presión o provocarle calor habrá un efecto terapéutico en la parte que le corresponde de tu cuerpo.

Masaje Auricular de la cabeza a los pies:
Gráficas de Masaje Auricular # 1, 2, 3 y 4.

Recomendaciones: lo mejor es dar masaje a las dos orejas pero si tú, amigo lector, tienes dolor de alguna parte del lado izquierdo de tu cuerpo te recomiendo inicies el masaje en la oreja izquierda y después en la derecha y viceversa. O sea, si te duele el lado derecho, inicia el masaje en la oreja derecha y luego continúa en la izquierda. Si tu estado de salud no te permite darte el Aurículo Masaje, pídele a un pariente cercano o amigo que te ayude.

Descripción de la técnica y sus gráficos:

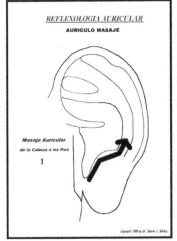
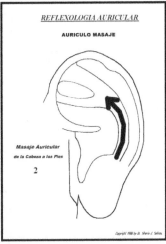

Gráfica # 1 del Masaje Auricular de la cabeza a los pies (cabeza y cuello): se coloca la yema del dedo pulgar detrás de la zona anatómica del anti-trago y el índice sobre el mismo. Con el pulgar e índice haciendo presión como una pinza, se desliza el índice de abajo hacia arriba, como lo muestra la gráfica 20 veces. Debes sentir calor. En cualquier momento se puede alternar el dedo índice por el dedo medio.

Gráfica # 2 del Masaje Auricular de la cabeza a los pies (espalda): se coloca la yema del dedo pulgar detrás de la zona anatómica del anti-hélix y el índice sobre el mismo. Con el pulgar e índice haciendo presión como una pinza, se desliza el índice de abajo hacia arriba, como lo muestra la gráfica, al realizar este procedimiento debes sentir calor. Hacerlo 20 veces.

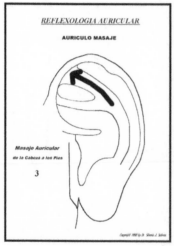 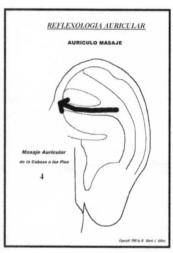

Gráfica # 3 del Masaje Auricular de la cabeza a los pies (pierna izq.,): se coloca la yema del dedo pulgar detrás de la zona anatómica de la rama superior del anti-hélix y el índice sobre el mismo. Con el pulgar e índice haciendo presión como una pinza, se desliza el índice de abajo hacia arriba, como lo muestra la gráfica, realizarlo 20 veces. Debes sentir calor.

Gráfica # 4 del Masaje Auricular de la cabeza a los pies (pierna der,): se coloca la yema del dedo pulgar detrás de la zona anatómica de la rama inferior el anti-hélix y el índice sobre el mismo. Con el pulgar e índice haciendo presión como una pinza, se desliza el índice de abajo hacia arriba, como lo muestra la gráfica, 20 veces. Debes sentir calor.

Beneficios: Te podría ayudar a aliviar el dolor de lumbago (espalda baja), ciática, migraña, espalda, cuello, rodilla, cadera y pies.

Aurículo masaje

Masaje Auricular del hombro a la mano:

Gráficos # 1, 2 y 3.

Recomendaciones: lo mejor es dar masaje a las dos orejas pero si tú, amigo lector, tienes dolor de alguna parte del lado izquierdo de tu cuerpo te recomiendo inicies el masaje en la oreja izquierda y después en la derecha y viceversa. O sea si te duele el lado derecho, inicia el masaje en la oreja derecha y luego continúa en la izquierda. Si tu estado de salud no te permite darte el Aurículo masaje, pídele a un pariente cercano o amigo que te ayude.

Descripción de la técnica y gráficos:

Gráficas del Masaje Auricular del hombro a la mano: # 1, 2 y 3: se coloca la yema del dedo pulgar detrás de la zona anatómica de la fosa escafoidea y el índice sobre la misma. Con el pulgar e índice haciendo presión como una pinza, se desliza el índice de abajo hacia arriba, como lo muestran las gráficas, hacerlo 20 veces para cada gráfico.

En cualquier momento se puede alternar el dedo índice por el dedo medio. Debes sentir calor.

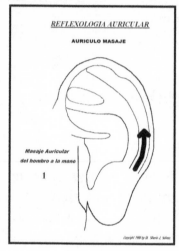

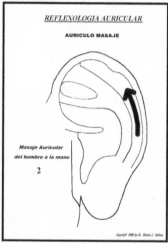

Beneficios:
Ayudaría a aliviar
el dolor de hombro,
brazo (1), codo, antebrazo
(2) muñeca, mano, dedos
de las manos (3).

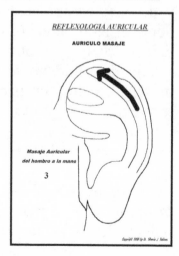

Masaje Auricular a Órganos Internos:

Recomendaciones: lo mejor es dar masaje a las dos orejas, pero si tú, amigo lector tienes dolor de alguna parte del lado izquierdo de tu cuerpo te recomiendo inicies el masaje en la oreja izquierda y después en la derecha y viceversa. O sea si te duele el lado derecho, inicia el masaje en la oreja derecha y luego continúa en la izquierda. Si tu estado de salud no te permite darte el Aurículo masaje, pídele a un pariente cercano o amigo que te ayude y lo haga por ti.

Descripción de la técnica y gráfico:

Con la yema del dedo índice o medio, presiona la piel contra la base de la oreja, la que toca con el hueso del cráneo; deslízalo en la dirección de la flecha, haciendo un movimiento curvo de arriba-abajo y viceversa.

Beneficios:
Este masaje te ayudaría a descongestionar de energía estancada y negativa a todos los órganos internos del abdomen y el tórax: hígado, páncreas, bazo, riñón, vejiga, estómago, intestinos, corazón y pulmones.

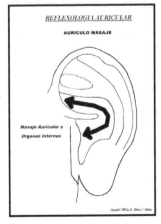

Practíquese en diabetes, alta presión, artritis, asma, alergias, sinusitis, gastritis, colitis, obesidad y edema.

Masaje Auricular al Aparato Reproductor

Recomendaciones: lo mejor es dar masaje a las dos orejas pero si tienes dolor de alguna parte del lado izquierdo de tu cuerpo te recomiendo inicies el masaje en la oreja izquierda y después en la derecha y viceversa. O sea si te duele el lado derecho, inicia el masaje en la oreja derecha y luego continúa en la izquierda. Si tu estado de salud no te permite darte el Aurículo masaje, pídele a un pariente cercano o amigo que te ayude y lo haga por ti.

Descripción de la técnica y gráfica:

Con la yema del dedo índice o medio, presiona la piel contra la base de la oreja, que es hueso del cráneo; deslízalo en la dirección de la flecha, haciendo un movimiento lineal de izquierda a derecha y viceversa.

Beneficios: descongestiona la energía estancada y acumulada en los órganos reproductores masculinos y femeninos.

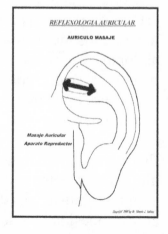

REFLEXOLOGIA AURICULAR

AURICULO MASAJE

Masaje Auricular
Aparato Reproductor

Practíquese en: cólicos menstruales, congestión uterina y de ovarios, mala menstruación, frigidez; impotencia masculina, congestión de testículos y próstata.

Digito presión del Punto de Migraña:

Recomendaciones generales: seguir las mismas recomendaciones para las gráficas anteriores.

Descripción de la técnica: se coloca la yema del dedo pulgar detrás de la zona anatómica del antitrago y el índice sobre el mismo.

1.- Con el pulgar e índice haciendo presión como una pinza, se hace presión sobre el punto de migraña por 10 minutos en cada oído.

2.- Con el pulgar e índice haciendo presión como una pinza, se hace presión sobre el punto de migraña (Tai Yang), apretando y aflojando en forma intermitente. Abriendo y cerrando la pinza que forman los dedos índice y pulgar aplicarlo, por lo menos, de 2 a 3 segundos en cada movimiento. 3 a 5 minutos.

3.- Para resultados más rápidos se aplica la uña sobre el punto de migraña y se presiona hasta provocarse un dolor agudo pero tolerable. Busca puntos dolorosos con la uña y estimúlalos por 3 minutos.

Beneficios:
Ayudaría aliviar el dolor de cabeza.

REFLEXOLOGIA AURICULAR
AURICULO TERAPIA CHINA
DIGITOPRESION

Punto de Migraña
(Tai yang)

Digito presión del Punto de Shen men.
(Sistema nervioso)

Recomendaciones generales: mismas que en los masajes anteriores.

Descripción de la técnica: se coloca la yema del dedo pulgar detrás de la zona anatómica de la fosa triangular y el índice sobre el mismo.

1.- Con el pulgar e índice haciendo presión como una pinza, se hace presión sobre el punto de Shen men por 10 minutos en cada oído.

2.- Con el pulgar e índice haciendo presión como una pinza, se hace presión sobre el punto de Shen men, apretando y aflojando en forma intermitente. Abriendo y cerrando la pinza que forman los dedos índice y pulgar. Aplicarlo, por lo menos, 2 a 3 segundos en cada movimiento por 3 a 5 minutos.

3.- Para resultados más rápidos, se aplica la uña sobre el punto de Shen men y se presiona hasta provocarse un dolor agudo pero tolerable.

Beneficios:
Ayudaría aliviar el dolor
de cabeza y todos los
estados dolorosos.

Relaja el estrés, el
nerviosismo y la ansiedad.

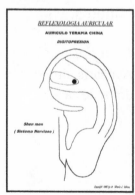

Digito presión del Punto de Lumbago.

Recomendaciones generales: seguir las mismas recomendaciones para las gráficas anteriores.

Descripción de la técnica: se coloca la yema del dedo pulgar detrás de la zona anatómica del antihélix, donde se divide en dos ramas, y el índice sobre el mismo.

1.- Con el pulgar e índice haciendo presión como una pinza, se presiona el punto de Lumbago por 10 minutos en cada oído.

2.- Con el pulgar e índice haciendo presión como una pinza, se hace presión sobre el punto de antihélix, apretando y aflojando en forma intermitente. Abriendo y cerrando la pinza que forman los dos dedos, por lo menos 2 a 3 segundos en cada movimiento. Hacerlo durante 3 a 5 minutos.

3.- Para resultados más rápidos se aplica la uña sobre el punto de antihélix inferior y se presiona hasta provocarse un dolor agudo pero tolerable. Busca puntos dolorosos alrededor de la misma zona con la uña y estimúlalos por 3 minutos.

Beneficios:
Ayudaría a aliviar
el dolor de espalda baja o
cintura, llamado también
dolor lumbar o lumbago.

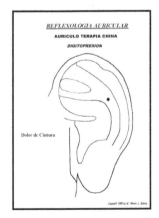

Digito presión del Punto de Rodilla.

Recomendaciones: las mismas que dimos para los masajes anteriores.

Descripción de la técnica: se coloca la yema del dedo pulgar detrás de la zona anatómica del antihélix, rama superior y el índice sobre el mismo.

1.- Con el pulgar e índice haciendo presión como una pinza, se hace presión sobre el punto de rodilla por 10 minutos en cada oído.

2.- Con el pulgar e índice haciendo presión como una pinza, se presiona el punto de antihélix rama superior, apretando y aflojando en forma intermitente. Abriendo y cerrando la pinza que forman los dos dedos. Aplicarlo, mínimo, de 2 a 3 segundos en cada movimiento por 3 a 5 minutos.

3.- Para resultados más rápidos, se aplica la uña sobre el punto de antihélix inferior y se presiona hasta provocarse un dolor agudo pero tolerable. Busca otros puntos dolorosos alrededor de la misma zona con la uña y estimúlalos por 3 min.

Beneficios:
ayudaría a aliviar
el dolor de
rodilla, muslo
y pantorrilla.

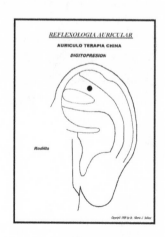

Capítulo XI

La Aurículo analgesia

Antecedentes

Durante mi formación profesional como Médico Cirujano y Partero en la Universidad Autónoma de Nuevo León, en Monterrey N. L. México, se me enseñó que el dolor es un aviso o un llamado de alerta que nos da el organismo para que nos demos cuenta de que "algo marcha mal". Se me instruyó también que en el área dolorosa puede estar la causa del problema aunque no necesariamente, ya que puede ser el reflejo de otra área enferma que envía mensajes neuroquímicos a través de los nervios que inervan tanto el órgano enfermo como la zona que refleja el dolor. Se me preparó también para tratar el dolor con analgésicos, productos químicos que tienen la virtud de calmar el dolor y a no prescribirlos en casos en que se sospeche que la patología puede poner en peligro la vida (como en una apendicitis) ya que se disfrazaría el problema principal evolucionando hasta sus consecuencias fatales.

Paralelamente a mi carrera profesional, a principios de los 80's me entrené como instructor de Artes Marciales Chinas, Kung Fu (en el estilo Sil Lum). Esto me permitió tener acceso a la Medicina Tradicional China (en esencia Taoísta) y me convertí también en instructor de Tai-Chi, Chi-Kung, Liang-gong y Tao-yin (Yoga dinámico o chino, manejo de la energía mediante el control respiratorio, gimnasia terapéutica china y auto masaje, respectivamente). Poco después aprendí la Digitopuntura y el Masaje Chino. Se me enseñó que la Acupuntura es para los chinos lo que la Cirugía para los occidentales, un sistema de emergencia o de último recurso.

Durante el Servicio Social en una región semidesértica tuve la oportunidad de hacer estudios bibliográficos, clínicos y de campo de la Herbolaria Tradicional Mexicana, lo que me permitió confeccionar un cuadro básico de plantas medicinales que tratara de resolver los problemas de salud más comunes.

Solamente 6 meses ejercí la Medicina Alopática como tal, terminé convencido de que si realmente deseaba que las personas se sanaran de sus enfermedades tendrían que hacer cambios radicales en sus hábitos alimenticios, ejercicios, actitudes mentales y espirituales. Es por eso que desde 1990 me dediqué a *educar* a mis clientes en mi Método Exclusivo de **auto sanación** mediante la utilización de *dietas naturistas, plantas medicinales, Reflexología Auricular* y otras alternativas; dejando a la libre elección de cada persona seguir el camino de la auto sanación o de continuar con su estilo de vida y su consecuencia que es la enfermedad.

El dolor y como nació la técnica.

Volviendo al tema de este libro, el dolor, la mayor parte de las personas que acuden a un médico lo hacen porque sienten dolor o molestias en intensidades que varían de persona a persona y de patología en patología. Obviamente lo primero que pide la persona es el alivio de sus dolores y es aquí donde la Medicina Ortodoxa falla al no dar una solución definitiva y prescribir drogas que solo calman el dolor, mitigan el síntoma y dejan la raíz de la causa haciendo que estos dolores se vuelvan crónicos y cada vez más intensos.

Durante 1989 y 1993 estudié y practiqué por cuenta propia la Aurículo Terapia China y la Aurículo Medicina Francesa (2,200 y 150 años de vigencia respectivamente) no con el fin de aliviar el dolor, sino con el fin de tratar los estados patológicos más comunes de manera energética. Después de aplicar más de 60,000 estímulos auriculares en mis pacientes de Nuevo Laredo Tamaulipas, México, paulatinamente me di cuenta que algunos de ellos regresaban sin dolor en la segunda visita. Años atrás había visto un programa de TV en el cual los chinos hacían cirugías de cráneo con el paciente consiente, despierto y sin dolor; la única anestesia que le aplicaban era un electrodo en el lóbulo de la oreja en ambos oídos. Observando esto intuí que debería de existir un punto en el oído para cada parte del cuerpo, órganos y tejidos. Me di la tarea de tratar de encontrar esos puntos buscando el alivio del dolor en forma inmediata e instantánea y así lo conseguí para 1993 registrándolo en un manual técnico que titulé: '*Manejo del dolor mediante Aurículo Terapia: analgesia en segundos*" ©. En este manual aparece una cartografía auricular china con algunas modificaciones personales y el tratamiento auricular de los 9 síndromes dolorosos más comunes.

En 1994, por primera vez para la televisión local de Laredo Texas, se me presenta la oportunidad de demostrar la efectividad de la técnica en mi programa de televisión "La hora naturista" © con el público presente. Ese mismo año presenté la Analgesia en Segundos en el segundo Congreso de Acupuntura México-China, en Guadalajara Jalisco, México donde los asistentes, incrédulos a mis palabras, se sometieron uno a uno a mi técnica hasta que terminé aliviando el dolor a 15 colegas médicos, tanto mexicanos como chinos. Fue aquí donde tomé conciencia que la técnica era una novedad. En ese tiempo pensé que los asistentes por ser acupunturistas podrían hacer con facilidad lo mismo.

En 1995 a mis oídos llegó la versión de que el Dr. Salinas tenía el don de quitar el dolor en segundos y que sus manos eran milagrosas. Para desmentir esta versión y demostrar que mi técnica posee base científica organicé varios seminarios en Veracruz, Guadalajara y Monterrey donde entrené a alrededor de 100 médicos y técnicos en salud en el manejo del dolor mediante la *Reflexología Auricular* (término más correcto). Fue en este año que, durante dichos seminarios, realicé lo que considero el mayor de los descubrimientos: las **líneas de analgesia auricular,** algo así como el equivalente de los Meridianos de Acupuntura en la oreja. Estas líneas de analgesia no existen en ningún texto clásico de acupuntura o Aurículo terapia china o francesa. Es un término acuñado por un servidor y registrado en 1996 en el "Manual técnico médico holístico del *sistema izcalli,* Vademécum" © de uso exclusivo para profesionales de la salud.

El reconocimiento.

En el año de 1996 mis discípulos corrieron la versión en México de que no existía mejor sistema para aliviar el dolor que la Reflexología auricular analgésica del Dr. Salinas, fue así que la Escuela Nacional de Medicina y Homeopatía del Instituto Politécnico Nacional, en aquella época única institución en el país autorizada por la Secretaría de Salud para enseñar la Especialidad de Acupuntura en México, se interesó en el mismo y me pidieron que les brindara la conferencia "Analgesia en segundos con Aurículo terapia" donde quedó demostrado, con sus propios pacientes tratados previamente con acupuntura, la efectividad y superioridad de mi técnica para aliviar el dolor. (Ver carta de reconocimiento al final del libro en la sección de Certificados).

Cabe mencionar que los maestros de acupuntura asistentes estudiaron y se prepararon mayormente en China por lo que, insisto, se confirma lo mencionado anteriormente: la técnica Aurículo Analgesia, aunque se basa en los antiguos principios de la acupuntura china, es totalmente nueva e innovadora, un valioso descubrimiento para el beneficio de la humanidad. También en ese año, 1996, desarrollé mi propia cartografía auricular con exactitud milimétrica la cual he perfeccionado últimamente gracias a un sistema computarizado y por lo menos 400 horas de trabajo frente a la computadora durante los primeros meses del año 1998.

Presentaciones públicas.

En 1997 presente mi técnica públicamente a nivel mundial en el Network en Español de Telemundo desde Miami, en el programa de "Ocurrió Así" con Enrique Gratas. Al año siguiente, 1998, también presenté la técnica en el Network televisivo de Univisión en el programa "Primer Impacto". Todas las personas tratadas fueron aliviadas de sus dolores sin excepción.

En el 2003 presenté los portentos y bondades de mi técnica Aurículo Analgesia ante las cámaras de la cadena cristiana en español más importante y grande del mundo: Enlace TBN, ante espectadores de más de 60 países, le retire el dolor de fibromialgia en 10 minutos a una persona que le dolía todo el cuerpo, de la cabeza a los pies.

En el 2005 mostré mi técnica ante las cámaras de la Universidad de Sucre en Bolivia. Los telespectadores fueron testigos de cómo liberé del dolor a una mujer que prácticamente se arrastraba por el piso al no poder caminar debido malestares en la columna vertebral.

Más recientemente, en el 2013, en Sun Valley CA, para el canal de TV cristiano Tele Dunamis en el programa Fuente de Vida, después de un seminario sobre como limpiar, nutrir y reparar el cuerpo humano, liberé del dolor frente a las cámaras de TV a cerca de diez personas desahuciadas por sus médicos.

Actualmente y desde hace varios años mi programa de TV Adiós al Dolor Internacional se transmite en el condado de Los Ángeles California de lunes a sábado por televisión digital en diversos canales cristianos. En este programa educo al público sobre como restaurar la salud en forma natural y como decirle Adiós al Dolor de una vez por todas y para siempre.

Confusiones y aclaraciones.

La principal confusión que existe respecto a mi técnica es que confunden la Aurículo Terapia con la Aurículo Analgesia. Aunque la segunda surgió de la primera no son lo mismo ya que la

Aurículo Terapia no es un sistema diseñado para aliviar el dolor ni la Aurículo Analgesia sirve para hacer Aurículo Terapia, aunque ambas técnicas se complementan muy bien. Por lo tanto se puede enseñar la Aurículo Analgesia como un sistema totalmente independiente de la Aurículo Terapia y viceversa.

La mejor prueba de esto surgió el año de 1997 cuando algunos médicos en Puerto Rico se acercaron a mí para conocer mi técnica y ver la forma de aprenderla. Al conocer que el método de comercialización y enseñanza sería el de franquicias, la mayoría optó por tomar un curso de Aurículo Terapia, tiempo después me estaban llamando para que les enseñara a quitarle los dolores a sus clientes.

Cuando alguien me dice que en su país también colocan presión en el oído, les respondo lo siguiente: "si son capaces de aliviar el dolor de una migraña en tres minutos, mis respetos, no me necesitan; pero si no lo hacen estoy a sus órdenes".

Otra confusión que existe es que se cree que al quitarle el dolor a una persona esta podría enfermar más porque sin dolor no se atendería y su enfermedad evolucionaría o avanzaría con posibles consecuencias negativas. Nada más lejos de la realidad, la Aurículo Analgesia es tan noble, que si una persona tiene apendicitis y requiere de cirugía, el dolor no se le va a aliviar ni aunque le llene los dos oídos de estímulos: la madre naturaleza es muy sabia.

También se dice que se alivia el dolor y no la enfermedad, esta es una verdad a medias porque la Reflexología trabaja a nivel bio electromagnético, equilibrando los desbalances energéticos del organismo; naturalmente que una enfermedad crónica no se auto sanará ni en un día ni en una semana, pero si en varios meses. Además son cruciales los cambios de hábitos alimenticios y de ejercicios. Lo increíble de mi técnica es que he ayudado a enderezar columnas vertebrales y a restaurar discos herniados en una sola sesión con Aurículo Analgesia. Habrá que estudiar la medicina cuántica para entender como esto es posible.

La última confusión es terminológica, es decir, se piensa que la Aurículo Analgesia es acupuntura o acupresión. Aclarando los términos: "acu" significa aguja y "puntura" significa punción y la Aurículo Analgesia ni utiliza agujas, ni punciona o penetra la piel. El término acupresión también ha sido mal usado puesto que significa "presión con agujas". En mi técnica utilizo simple presión en el oído para provocar el estímulo auricular analgésico, en base a esto, el término correcto para la técnica es *aurículo presión*.

La efectividad.

Es importante comentar que, aunque la Aurículo Analgesia **no es infalible**, puedo afirmar sin temor a equivocarme que *es casi* *infalible.* En el 2001 (año de la segunda edición) y después de haber aplicado ya más de 160,000 estímulos auriculares en por lo menos 25,000 entrevistas, sé que existía un 3% que no responde absolutamente nada al estímulo auricular; entre el 40 y 50% requerían de una sola visita para aliviar sus dolores en forma permanente; del 50 al 60% requerían entre 2 y 6 visitas para resolver su problema de dolor. De un 5 a un 10% requerían de un seguimiento continuado de hasta 1 año, con visitas de cada 14 días. En el 97% de los casos el alivio del dolor al momento de aplicar la Aurículo Analgesia fluctúa entre el 70 y 100% de su intensidad. Al que mejor le va, sale de la consulta sin dolor alguno y le dice Adiós al Dolor. Al que más mal le va alivia por lo menos un 70% de su dolor.*

*Nota de la tercera edición (2013). Las cifras no han cambiado mucho, salvo que la efectividad de la técnica es aún mayor. 60% alivian 100% su dolor en la primera visita. 1 a 2% no responde al estímulo auricular. El 38% restante resuelven su problema de dolor al 100% en las siguientes dos o tres visitas. El autor ahora tiene una experiencia de al menos 50 mil consultas en 25 años de experiencia. Desarrolló una nueva técnica al cambiar los balines por magnetos y le llama **Aurículo Analgesia Magnética** que le permite obtener los mismos resultados en menor tiempo.

Cuando el cliente no responde al 100% al provocar el estímulo auricular, siempre existe una causa muy específica para cada caso, estas las podemos resumir en 4 principales causas y una causa imponderable.

1.- La persona **toma demasiado café**, más de tres tazas de café regular o de una de café expreso (o cualquier otro estimulante). Esto se corrige evitando el café por lo menos 3 a 10 días antes de la visita. La cafeína interfiere neurológicamente con la respuesta del estimulo auricular.

2.- La persona **posee en su boca amalgamas de plata, coronas de oro o plata y puentes metálicos.** Esto se corrige visitando a un dentista experimentado para cambiar estos metales por material no metálico. O bien tiene pulseras, cadenas y anillos en el cuerpo. Los metales interfieren electrónicamente con la respuesta del estimulo auricular.

3.- **La persona fue tratada con cortisona**, con grandes dosis y por más de tres meses continuos, tiempo antes o recientemente. En este caso los daños neurológicos pueden ser irreversibles (aunque no siempre), es decir, si no responde al estímulo auricular en la primer visita, es posible que jamás valla a responder a este procedimiento y, como lo han descubierto recientemente, no responderá nunca más a la acupuntura o cualquier otro procedimiento que requiera un estímulo neurológico acupuntural. Al parecer, la cortisona inhibe primero y destruye después los receptores celulares a los estímulos eléctricos acupunturales.

Afortunadamente, el autor encontró un método rápido y seguro para descontaminarse de la cortisona por medio de una limpieza de sangre mediante el método no invasivo de ionización de agua donde se colocan los pies y por osmosis salen todas las impurezas del organismo (SPA de pies).

4.- Existen *condiciones patológicas quirúrgicas por necesidad,* que por su propia naturaleza no pueden ser resueltas con este procedimiento y que regularmente requieren de cirugía como la apendicitis, artrosis total, donde ya no hay ni un poco de cartílago de rodilla o cadera, úlcera perforada, colecistitis perforada, tumoraciones de cerebro y otras.

5.- *El factor imponderable es la fe de la persona a tratar.* Aunque personalmente he logrado convencer hasta los más incrédulos de la efectividad de la Aurículo Analgesia, obviamente porque estoy trabajando con un método científico, también es cierto que a mayor fe mejores resultados. Fe en Dios, en el terapeuta como su instrumento, en la técnica Aurículo Analgesia y fe en sí mismo de que si se puede sanar de cualquier dolor.

Por lo amplio de este tema, seguiremos comentando sobre las bases científicas y legales de la Aurículo Analgesia en el siguiente capítulo donde además hablaremos un poco del futuro de la técnica que es capaz de decirle Adiós al Dolor de la Humanidad.

Capítulo XII

Bases y futuro de la Aurículo analgesia

Base legal de la aurículo analgesia.

Aunque, como aclaré en el anterior segmento, la técnica de Aurículo Analgesia no es de acupuntura ya que no puncionamos o penetramos la piel, solamente la presionamos, esto significa que solamente hacemos Aurículo presión. Es importante mencionar que las bases científicas de la acupuntura son las mismas bases de la Aurículo Analgesia mediante Aurículo presión. Las bases científicas son las mismas, lo que cambia es el material y el método que se utilizan; mientras la acupuntura usa agujas, la Aurículo Analgesia usa objetos romos; mientras el primero penetra la piel, el segundo sólo la presiona.

Los acupunturistas pueden aprender y utilizar la técnica de Aurículo Analgesia como cualquier otro terapeuta, pero no pueden monopolizarla por una sencilla razón: aunque la acupuntura y la Aurículo analgesia tengan las mismas bases científicas, no tienen la misma base legal, es decir, *la Aurículo Analgesia escapa de toda regulación sanitaria por el simple hecho de que el procedimiento utilizado no penetra la piel y por lo tanto no tiene el riesgo de provocar infecciones.*

Aquí radica lo maravillosa y grandiosa que es la Madre Naturaleza, respetando sus leyes, nos ha permitido desarrollar un **método no invasivo para aliviar el dolor**. En la mayor parte de los E.U.A. la Aurículo Presión no requiere licencia o certificado para ejercerse, precisamente porque está probado que es un método no invasivo.

A esta y otras medicinas que practico les llamo **medicinas blandas**, porque tienen la virtud de no provocar más daño del ya existente y son extraordinariamente sanadoras. Habiendo hecho estas observaciones, en lo sucesivo, para hablar de las bases científicas de la Aurículo Presión me referiré indistintamente a la Aurículo Analgesia o a la acupuntura, también por razones históricas.

Persecuciones legales al autor.

Datos curiosos, para mis seguidores y detractores. De las casi cincuenta mil consultas naturistas (**no son consultas médicas**, recuerden que aunque soy médico con licencia en México **no practico la medicina** alópata, ortodoxa u oficial, de farmacia o de patente. El término correcto es *consejerías naturistas*) prácticamente no he tenido ni una sola demanda legal ni en México ni en los EUA por parte de mis clientes, ni de los miles de consultas que he hecho gratuitamente (la mayoría) por internet a mis hermanos de los países de centro y Sudamérica.

Los que si se han quejado y utilizado los poderes gubernamentales legales para demandarme son precisamente mis colegas y hermanos de profesión, los médicos e indirectamente los laboratorios a los que no les agrada mi trabajo ni mi sistema que no mantiene enfermos a los enfermos y si los libera del dolor y la enfermedad al atacar las causas reales y primarias de las enfermedades y no solo dar "calmantes de por vida" para fines de lucro.

Cuatro han sido las persecuciones legales donde el autor ha sido molestado por las autoridades. Ninguna por queja de los clientes beneficiarios de mi sistema y si por queja de mis colegas médicos. La primera en Nuevo Laredo, la segunda en Monterrey y la tercera en Durango (todas ciudades de México) de las cuales, por la Gloria de Dios y por el amor que me tiene el pueblo beneficiado de mi ministerio, he salido triunfante. Los detalles no los comento en esta obra puesto que no es este su objetivo.

La cuarta y más reciente persecución a mi persona fue por parte de autoridades sanitarias del Estado de Texas, en Corpus Christi. Aún no termina este proceso legal donde agentes estatales violentaron mis derechos constitucionales por varias razones y ahora estoy en preparación de mi defensa constitucional.

La moraleja en todas las persecuciones que he recibido es que mis acusadores son los que trabajan para el gobierno, que a su vez trabajan para el pueblo y por el pueblo (democracia), pueblo que no ha lanzado *nunca* una voz de queja hacia mi persona y mucho menos hacia mis técnicas.

Cómo se van a quejar si han sido sanados por miles de enfermedades aparentemente incurables como cáncer, lupus, leucemia, SIDA, asma, artritis, diabetes, dolores de fibromialgia y muchas más? Cientos de estos testimonios han sido transmitidos por la televisión tanto local en su época, como a nivel nacional e internacional. Son prácticamente millones de personas que me han visto sanando a desahuciados por la TV internacional. Así que para mis perseguidores les debiera resultar incomodo y hasta absurdo perseguir a alguien que nunca ha sido acusado por el pueblo que representan y siempre sale públicamente beneficiando al mismo pueblo.

Le pido a Dios Padre que bendiga a mis perseguidores y los ilumine porque un día, en un futuro cercano o lejano, ellos mismos o sus descendientes serán beneficiarios de las técnicas y métodos naturales de restauración de salud que Dios mi Padre Celestial me ha entregado en dones para regalarle a la humanidad la oportunidad de vivir en salud y a plenitud, en gozo y alegría.

Bases científicas de la aurículo analgesia

Ya pasaron los tiempos en que la acupuntura y otras alternativas eran calificadas por la Medicina Ortodoxa como superchería o charlatanería. En México la Escuela Nacional de Medicina y Homeopatía del Instituto Politécnico Nacional era la única institución autorizada por la Secretaría de Salud del Gobierno Federal para la enseñanza de la acupuntura como especialidad médica en 1995.

Esto habla del reconocimiento implícito de las bases científicas de la acupuntura en este país y del gran esfuerzo que hacen los acupunturistas mexicanos por ser reconocidos legal e institucionalmente; una buena parte de los maestros acupunturistas mexicanos se han especializado directamente de la Fuente, Madre del Conocimiento Acupuntural: China.

En los E.U.A. la acupuntura está regulada por las leyes de salud y para ejercerla se requiere de una licencia y de una certificación, para esto existen ya numerosas instituciones y universidades donde se estudian versiones americanizadas de la acupuntura. Estas versiones americanizadas de la acupuntura no son tan efectivas como la acupuntura tradicional china. Así lo he corroborado al recibir clientes que ya han probado la acupuntura americanizada.

Bioquímica:

Los ingleses fueron los primeros en descubrir las bases científicas bioquímicas de la acupuntura (aunque los chinos establecieron sus bases filosóficas hace 5,000 años) al descubrir que la estimulación de puntos acupunturales produce la liberación de unas sustancias bioquímicas denominadas *endorfinas*. Estas sustancias están emparentadas con la morfina que tiene reconocidos efectos antiinflamatorios y analgésicos. En palabras más sencillas, el cerebro produce su propia medicina anti inflamatoria y analgésica y la Aurículo Analgesia lo que hace es liberar las endorfinas y dirigirlas al lugar exacto donde se necesitan.

Hologramas:

La oreja, al igual que el iris del ojo, la planta de los pies y la palma de la mano, son un micro sistema que representa a todo el cuerpo humano; científicamente hablando: la oreja es un holograma del cuerpo humano. Los físicos modernos, expertos en física relativa y cuántica, coinciden en afirmar que el universo entero es un holograma.

Los sabios antiguos ya lo sabían (por algo la acupuntura china tiene 5,000 años), ellos afirmaban que como es arriba, es abajo. Para entender mejor y de una manera sencilla lo que es un holograma daré la siguiente explicación: así como los electrones giran alrededor del núcleo del átomo, la luna gira alrededor de la tierra y esta alrededor del sol, el sol alrededor de la galaxia y, a su vez, la galaxia gira alrededor de nuestro universo. Es decir, el todo está representado en una de sus unidades y una unidad puede representar al todo.

En Medicina el holograma se entiende así: la prueba de que una unidad contiene al todo está en la clonación, es decir, de una sola célula (unidad del cuerpo) entre miles de millones, es posible, por clonación, reproducir todo el cuerpo humano con exactitud matemática. Así mismo, el oído, el iris del ojo, la planta de los pies y la palma de las manos son hologramas del cuerpo humano y cualquier estímulo que les provoquemos influirá en toda la anatomía corporal.

Naturalmente, usar la oreja tiene mayores ventajas que los otros micro sistemas, por ejemplo: en los ojos sólo se puede hacer apreciación refleja de los estados físicos del cuerpo, ya que no es recomendable estimularlos; no hay que desnudar a la persona ni percibir sus olores como en el caso de la Reflexología podal (pies) y la Reflexología de las manos es poco conocida.

Bio electromagnetismo y energía Chi:

Hasta este momento, hemos revisado la parte bioquímica de las bases científicas de la Aurículo analgesia. Revisemos ahora la parte bio electromagnética.

Haber trabajado de 1993 a 1997 en el protocolo de investigación "Evaluación de los efectos clínicos, inmunológicos y antigénicos de la terapia biofísica de campos bio electro magnéticos en pacientes con VIH-1" me permitió entender las bases energéticas de la acupuntura y la Aurículo Analgesia.

Todos sabemos que la acupuntura maneja la energía corporal, pero ¿cuál energía? Los chinos le llaman el Chi, los japoneses Ki y los hindúes Prana. Científicamente, estos conceptos se pueden entender mejor si los describimos científicamente como lo vemos los occidentales: a esta casi mística energía la llamaremos *electromagnetismo* o energía electromagnética conocida también como energía vital. Filosóficamente hablando se le conoce como fuerza interior.

Existen **cuatro fuerzas físicas** que mantienen unido al universo tal y como lo conocemos hasta el momento y estas son: *nuclear fuerte, nuclear débil, gravedad y electromagnetismo*.

La fuente primaria de la energía electro magnética es el Campo Magnético de la Tierra. La fuente secundaria es la energía solar. Cada segundo somos bañados y atravesados por el campo magnético de la tierra, esta energía la utiliza el cuerpo para vivir, desde una molécula, una célula, un órgano hasta todo el cuerpo. Luego podemos medir esta energía; en el cerebro mediante un encefalograma, del corazón mediante un electrocardiograma y así también la energía corporal total se puede medir con un voltímetro en lo rango de los milivoltios.

Aplicada a la acupuntura y a la Aurículo Analgesia, la energía electromagnética que emana del polo magnético de la Tierra, penetra a través de la aguja (acupuntura) o de la Aurículo presión con objetos metálicos (Aurículo Analgesia), llevando esta energía vital al órgano que reflexológicamente corresponde al punto estimulado mediante el cableado de nervios que existen en la oreja y que están conectados con el cerebro que, a su vez, se conecta con todos los órganos mediante los nervios que corren por la medula espinal en la columna y luego se reparten por todo el organismo.

Un ejemplo: si hay dolor de la rodilla izquierda, yo aplico un magneto con punta roma o un balín de plata, en el punto de la oreja, que corresponde a la rodilla. Inmediatamente después de aplicarle presión, el estimulo auricular viaja en forma de sensación de dolor agudo del punto estimulado hacia el área del cerebro que le corresponde a la rodilla. De allí se liberan endorfinas y estímulos electro magnéticos y electro químicos que viajan ahora por nervios del cerebro a la medula espinal y de allí a la rodilla que recibe las endorfinas analgésicas y antiinflamatorias provenientes del cerebro, provocando alivio inmediato e instantáneo del dolor.

El resultado es increíble para los que nunca han conocido o practicado sistemas energéticos pero tan real que lo he hecho cientos de veces ante las cámaras de TV y miles de veces ante mis clientes o seguidores.

Conclusión y futuro de la aurículo analgesia:

Para los que me han seguido en este capítulo ya se habrán dado cuenta que desarrollar la técnica de Aurículo Analgesia para decirle "Adiós al Dolor" no ha sido una tarea fácil ni mucho menos improvisada; al contrario, ha sido el producto del esfuerzo, la dedicación, la oración, la conexión directa y personal con el Creador, la meditación y el estudio personal de este humilde autor, servidor de la humanidad.

Mi conclusión es que la Técnica de Aurículo Analgesia es capaz de aliviar el dolor agudo o crónico de casi todas las personas que acudan a un terapeuta Aurículo Analgesor debidamente entrenado.

El futuro de la Aurículo Analgesia está en la institucionalización de la misma. La técnica será enseñada y donada a cuanta institución educativa seria la quiera adquirir con fines de educar profesionales de la salud que tengan buen corazón y compasión para adquirir el conocimiento necesario para ayudar a sanar a los enfermos.

Lo que yo entiendo es que Dios Padre quiere que el nuevo milenio sea para la humanidad:

un milenio sin dolor.

Y lo podemos lograr si colocamos todo este conocimiento de la Aurículo Analgesia en una o varias instituciones educativas que conserven y enseñen a las nuevas generaciones las bondades y los portentos de la técnica que ha probado hasta la saciedad que es la solución para decirle *adiós al dolor* humano. El autor está dispuesto a donar la técnica a cuanta institución seria desee recibirla para reproducirla en sus estudiantes.

Por una humanidad libre del dolor y la enfermedad:

Dr. Silverio Javier Salinas Benavides.
www.drsilveriosalinas.com.mx
silveriosalinas5@gmail.com

Capítulo XIII

¿Quién es el doctor Silverio Salinas?

Por ser este mi primer libro publicado, incluyo en él una muy breve reseña biográfica, en parte para aclarar dudas acerca de mi trabajo profesional de los últimos 25 años y, en parte, para llevar mi propio record curricular.

Puesto que la misión que el Creador me ha dado es la de encontrar primero la verdad acerca de la verdadera naturaleza de las enfermedades, revelarla a quien la necesite, y enseñar cómo resolver los problemas de salud con los recursos naturales que Dios el Padre, el Creador nos ha brindado mediante la Naturaleza de nuestro planeta Tierra y por medio de la obediencia de sus leyes naturales, es razonable y hasta de esperarse, que la misión sea atacada por los intereses ya creados, ajenos a la buena voluntad de sanar enfermos y contrarios al propósito divino de tener salud así como prosperidad en nuestras almas.

En el ataque a esta misión divina, siempre hay ataques a mi persona, hasta el momento nadie se ha atrevido a hablar mal de la Aurículo Analgesia. Sería ridículo atacar una técnica que ha demostrado ser 98% efectiva y que, ante las cámaras de TV de Networks en Español como Telemundo, Univisión, La Cadena del Milagro y Enlace TBN, ha demostrado su efectividad y su casi infalible éxito.

Quienes no me conocen y jamás me han visto en acción quitando el dolor en la TV es normal que tengan dudas sobre mi y más cuando esos ataques son gubernamentales porque, en apariencia, pareciera que los gobiernos trabajan para proteger a su pueblo que los eligió. Es por esta razón que incluyo mi trayectoria y currículo vitae en este último capítulo, solo para despejar dudas sobre mi trayectoria profesional y que los lectores y el público en general tengan más elementos e información para emitir algún juicio.

Datos personales

Nombre completo: Silverio Javier Salinas Benavides.
Lugar de nacimiento: Cerralvo, Nuevo León. México.
Fecha de nacimiento: 11 de Julio de 1962.

Su padre fue el señor Silverio Salinas Rocha (qpd) y su madre es la Sra. María Antonia

Benavides Campos. Primogénito de 6 hijos. Felizmente casado en segundas nupcias y con 5 hijos en total, tres del primer matrimonio y dos del segundo.

Cursó sus estudios primarios, secundarios y de bachiller en su ciudad natal Cerralvo N.L.

Sumario de educación y Experiencia profesional.

1979-1985. *Facultad de Medicina, Universidad Autónoma de Nuevo León,* Monterrey, Nuevo León, México. Título: **Médico Cirujano y Partero.**

1981-1985. *Instructor de Educación Sexual,* siendo estudiante de medicina e *Instructor del Departamento de Medicina Preventiva,* **en la Facultad de Medicina de la U. A. N. L. Monterrey N.L. México.**

1988-1989. *Servicio Médico Social* de México en **Galeana N.L.** Ejido: Refugio de los Ibarra.

1990. Médico Interno, Hospital Privado *"Centro Médico Osler"* **Monterrey**, Nuevo, León, México.

Conferencista nacional e internacional

1993. Conferencista en el IV Congreso Internacional de Medicina Tradicional (Folk

Medicine) **Universidad Texas A&M.** Tema *"Cuadro básico de plantas medicinales mexicanas"*. **Kingsville, Texas, U.S.A.**

1993-1994. Conferencista en los *Congresos Internacionales México-China de Acupuntura,* **Guadalajara, Jalisco, México.**

1994. Conferencista del VIII Congreso Internacional de Medicinas Alternativas, Ciudad de **México, D. F.**

1993-1997. Colaborador del **Departamento de Inmunología y Medicina Preventiva de la Facultad de Medicina** de la Universidad Nacional Autónoma de Nuevo León, en **Monterrey, México,** en el campo de la investigación del SIDA.

1993-1997. Presidente Fundador de la *Fundación Izcalli de Biofísica para la investigación del SIDA y otras enfermedades* A.C., **Nuevo Laredo, Tamaulipas México.**

1995. Creador y Conferencista de los Seminarios:

* *Cuadro básico de Plantas medicinales*
* *Analgesia en segundos.*
* *Tratamientos sanadores del Asma, Artritis, y Migraña* Seminarios llevados a cabo en **Monterrey** Nuevo León, **Guadalajara** Jalisco y **Veracruz** Ver., México.(Mas de 100 Médicos y técnicos en salud entrenados).

1996. Conferencista invitado por la **Escuela Nacional de Medicina y Homeopatía** en la especialidad de Acupuntura, del **Instituto Politécnico Nacional** (IPN), para enseñar la teoría y la práctica de la *Analgesia en Segundos* ©, *mediante Aurículo Terapia* a los Maestros y Alumnos de la especialidad de **Acupuntura.**

1996: Conferencista invitado por Clark Elementary School U.I.S.D. para presentar la conferencia: *"Stress Management in the workplace"* dirigida a todos los maestros de dicha institución educativa en **Laredo Texas, EUA.**

1997. Conferencia en el **Centro Regional de Inmunología de Caguas Puerto Rico**, con el tema *"Evaluación de los efectos clínicos, inmunológicos y antigénicos de la Terapia Biofísica en pacientes con SIDA por VII"*.

1997. Conferencista. Curso en la **Escuela de Optometría de la Universidad Interamericana** con el tema *"Métodos Alternativos y Remedios Taoístas y Toltecas para mejorar la visión"* (con valor curricular de 2 créditos). **Bayamón Puerto Rico.**

1997. Conferencista en la Escuela de Humanidades de la **Universidad de Puerto Rico** con el tema *"Herbología Clínica"* invitado por el **Centro de Estudios Indigenistas de América.**

1999. Conferencista. *Curso del Sistema Naturo Practico Internacional* Primer Nivel para los profesionales de la salud representantes del

Sistema Adiós al Dolor y depositarios de la técnica Aurículo Analgesia. En el Templo "Fuente de Agua Viva" **Carolina PR.**

2003. Conferencista en la Comunidad Cristiana del Dr. Philip Phinn ciudad de **Kingston Jamaica** con el tema *"Alimentos que enferman".* Primer conferencia del Dr. Salinas impartida en inglés.

2004: Conferencista invitado por la **Escuela Técnica Medica de la Universidad Pública de Sucre en Bolivia.** *"Resonancia Magnética Terapéutica en pacientes con Cáncer y SIDA".* Valor curricular a 20 créditos universitarios.

2005: Conferencista del Consejo Iberoamericano en honor a la calidad Educativa con el tema *Adiós al Dolor.* **Punta del Este Uruguay.**

2008: Conferencista con el tema *"Adiós a las enfermedades en tres pasos naturales"* en las ciudades de Villahermosa Tabasco, Morelia Michoacán, Durango, Durango, Guadalajara Jalisco, Tampico Tamaulipas y Posa Rica Veracruz. Organizado por Neohealth de **México** SA de CV.

2008: Conferencista del Seminario *"Conquistando tu bienestar y tu salud".* Congregación Última Llamada, en **Inglewood California.**

2008: Conferencista del Seminario *"Aurículo Analgesia Magnética, teoría y práctica"* **Guadalajara Jalisco.** Organizado por el Instituto de Educación Incarri A.C.

2008: Conferencista en el **IX Congreso de Proveedores de Salud en Cincinnati Ohio**. Presentando el tema *Aurícula Analgesia Magnética*. Conferencia dada por primera vez en inglés sobre Aurículo Analgesia. El Dr. Salinas fue considerado como uno de los nueve líderes mundiales en medicina alternativa y holística por el Colegio de Iridología Holística.

2001-2008: Conferencista en el Centro Cristiano Emanuel de **El Monte** California y Centro Diplomático de **Ontario California** con más de 30 **conferencias de salud natural** educativas y dirigidas a las congregaciones cristianas. Grabadas para la televisión y emitidas en **Los Ángeles CA** por el canal 26 y 27 locales (actualmente en los canales digitales 22.3 y 62.3) Disponibles en DVD, CD. **Transmitidas** en más de 100 países de habla hispana por la cadena cristiana de TV más grande del mundo: **Enlace TBN**.

Registros y publicaciones

1990-1996: Desarrollo del "Sistema Izcalli" ® un sistema de medicina alternativa de tipo Holístico que consiste básicamente en:

* Información nutricional naturista, con dietas exclusivas del Dr. S. Salinas.
* Uso de plantas medicinales (fórmulas exclusivas).
* Utilización de suplementos alimenticios como vitaminas y minerales. Aurículo

Analgesia (analgesia en segundos). Método exclusivo de Reflexología auricular analgésica, desarrollado y registrado por el Dr. S. Salinas.

Todo este sistema está diseñado para desarrollar un estilo de vida que promueva el bienestar físico y mental de la persona, con el objeto de mejorar su calidad y tiempo de vida.

1993-1994: Publicación del **Cuadro básico de Plantas Medicinales**, Manual Técnico. Nuevo Laredo Tamaulipas, México. Publicación del manual **Analgesia en Segundos**, manejo del Dolor mediante Aurículo Terapia.

1998-1999: Desarrollo del Software y el Hardware del Sistema Izcalli Computarizado.

1999: Publicación de la primera edición del libro: "**Adiós al Dolor ® Por fin la solución natural al dolor humano**".
2000: Patente "Adiós al Dolor" como TM (Marca Registrada ®). EUA.

Certificaciones y licencias

1990: Cédula Profesional (1460562) como Médico Cirujano y Partero en el Registro Nacional de Profesiones. México D.F.
1999: Certificado como Kinesiologo, por International Kinesiology College from Zurich,

Switzerland and Touch For Health Kinesiology Association from Culver City, California.

Actividades profesionales adicionales

1985-1988: Instructor de Medicina Tradicional China (Tai-Chi, Liang Gong, Ki-gong) y Artes Marciales Chinas (Kung-Fu, en el estilo del Sil Lum). **Monterrey N.L.**

1990-1997: Productor, director y conductor de los programas de radio y televisión **"La Hora Naturista" en Nuevo Laredo,** Tamaulipas México y en **Laredo Texas,** U. S. A. (en 1997 en **Corpus Christi y Lubbock Texas, U.S.A.).**

1997: **Gira "Adiós al Dolor"** para el programa "Ocurrió Así" con Enrique Gratas de la cadena U.S.A de televisión Telemundo, visitó las ciudades de **Miami, Florida, Los Ángeles California; San Salvador, El Salvador y Guadalajara, México.** Atendió aproximadamente 2,500 personas con gran éxito, utilizando la técnica exclusiva de Adiós al Dolor mediante Aurículo Analgesia.

1998: Reportaje especial sobre la técnica de Aurículo Analgesia para la cadena hispánica de TV **Univisión** en el programa "Primer Impacto" y sobre la Utilización de Plantas Medicinales en "Despierta América". Desde **Miami Florida.**

1998: Productor y director general del programa de TV **Adiós al Dolor** para el Network en español La **Cadena Del Milagro**, desde **Puerto Rico** Para el Continente Americano vía satélite.

1999-2001: Productor y director General del programa de televisión "Adiós al Dolor Internacional" que se transmitió en **Corpus Christi TX (Telemundo), Puerto Rico (NCN) y Los Ángeles CA.**

Publicaciones científicas

1994: *"Evaluación de los efectos clínicos, inmunológicos y antihigiénicos de la Terapia Biofísica en pacientes con SIDA por HIV-1"*. Memorias del **XII Encuentro De Investigación Biomédica. Facultad de Medicina** Universidad Autónoma de Nuevo León, **Monterrey** N.L. México.

Logros científicos

1994: **Negativización del PCR** (reacción en cadena de la polimerasa) **para el VIH-1** en 17 pacientes con SIDA, utilizando Terapia Biofísica de campos bio electromagnéticos. Departamento de Inmunología de la Facultad de Medicina de la U.A.N.L **Monterrey N.L. México** (ver detalles en publicaciones científicas).

1996: **Negativización del cultivo de células de la medula ósea para el VIH-1** en 4 pacientes VIH-1 positivos, utilizando Terapia Biofísica de campos bio electromagnéticos. Departamento de Inmunología de la Facultad de Medicina de la

U.A.N.L. y South West Fundation for Biomedical Research, **San Antonio Texas, USA.** Ver evidencias en el libro "Sobrevivientes del SIDA" del Dr. Jorge Galván".

2003: 70% de sobre vida en el grupo de pacientes con VIH-1 que resultaron negativizados en su PCR en 1994.

1991-1996: Descubrimiento de los **500 puntos de analgesia** que existen en la oreja (aurícula), su distribución en **líneas de analgesia** y su agrupación en **circuitos de analgesia**; estos descubrimientos son la base de la técnica Aurículo Analgesia.

Reconocimientos internacionales

2001: 4 de Marzo. El Consejo de la municipalidad y el Mayor de la Ciudad de El Monte California, USA, **Condado de Los Ángeles**, otorga un reconocimiento al Dr. Silverio Salinas por "sus esfuerzos para encontrar nuevas técnicas y terapias que alivien el dolor físico".

2001: Aceptado como Miembro Profesional de la Asociación Médica Naturopática del Estado de **Texas.**

2005: Título de **Master Iberoamericano en Dirección Educativa,** además del título de **Doctor Honoris Causa** otorgados por el *Consejo Iberoamericano en honor a la calidad educativa,* el día 29 de Junio del 2005 en la ciudad de **Punta del Este en Uruguay.**

Inventos

1999: El Dr. Salinas crea a principios del 2003 (diseñado en 1999) el primer prototipo de **Resonancia Magnética Terapéutica Permanente** en el mundo entero. El aparato bio magnético se llama MEXICA PMRT-12K-60M. Actualmente una docena de estos aparatos están repartidos entre México, Centro y Sudamérica.

Aportaciones a la medicina natural más destacados

Dr. Silverio J. Salinas

1.- Creó la **Técnica Aurículo Analgesia** mejor conocida como *"Adiós al Dolor"*. Descubriendo, en 1993, cerca de 500 puntos de analgesia en el pabellón auricular (aurícula u oreja), distribuidos en líneas de analgesia (1995) y que a su vez forman circuitos de analgesia (1998). Capaz de aliviar, y hasta desaparecer, el dolor de cualquier parte del cuerpo, de cualquier causa en segundos o minutos sin importar cuantos años tenga con el dolor la persona.

2.- Creó la alternativa natural al Cuadro Básico de Medicamento Farmacéutico por un **Cuadro Básico de Plantas Medicinales** en sus Formulas Exclusivas. Creó más de 70 productos naturales para tratar casi cualquier enfermedad denominados Formulas Exclusivas Dr. Silverio Salinas.

3.- Ha sido el primer y único científico que demostró, en 1994, mediante protocolo científico en la Facultad de Medicina de la Universidad Autónoma de Nuevo León, que **el VIH, virus del SIDA, negativiza su PCR** (Reacción en cadena de la polimerasa en sangre) mediante la utilización de Campos magnéticos permanentes (dato obtenido mediante un examen genético viral entre 1993-1994). Son 17 pacientes negativizados desde 1994 quienes viven en su mayoría.

4.-   **Inventó el aparato bio magnético MEXICA PMRT-12K-40M,** de *Resonancia Magnética Terapéutica Permanente,* única en el mundo con 12 Teslas de potencia, como una alternativa natural a los tratamientos del cáncer y muchas otras enfermedades crónicas y degenerativas.

5.- Desarrolló y creó el **Programa de Bienestar para personas con Cáncer**, único y exclusivo método de auto ayuda de Medicina Alternativa para ayudar a resolver el problema del cáncer en forma 100% natural.

6.- Ha desarrollado y madurado un *Sistema De Consulta Medico-naturista* único en el mundo, basado en lo que el Dr. Salinas denomina "**Medicina Etiopática**". Un sistema que basa su metodología en la búsqueda de la causa real, última y primaria de cualquier problema de salud para eliminarla y así expulsar también los efectos que se manifiestan en síntomas y enfermedades.

Certificados y reconocimientos

LA VNIVERSIDAD AVTONOMA D NVEVO LEON

OTORGA A

SILVERIO JAVIER SALINAS BENAVIDES

TITULO DE

MEDICO CIRVJANO Y PARTERO

N ATENCION A QUE CUMPLIO LOS ESTUDIOS RE~
GLAMENTARIOS Y HABER SIDO APROBADO EN
EL EXAMEN PROFESIONAL QUE SUSTENTO EL DIA
VEINTINUEVE DEL MES DE JULIO DE MIL NOVE~
CIENTOS OCHENTA Y NUEVE, SEGUN CONSTAN~
CIAS ARCHIVADAS EN LA SECRETARIA GENERAL
DE LA MISMA UNIVERSIDAD. DADO EN MONTERREY, NUEVO
LEON, EL DIA VEINTITRES DE OCTUBRE DE MIL NOVE~
CIENTOS OCHENTA Y NUEVE.

EL RECTOR   EL SECRETARIO GENERAL

ING. GREGORIO FARIAS LONGORIA   ING. LORENZO VELA PEÑA

EL C. GOBERNADOR CONSTITUCIONAL DEL ESTADO LIBRE
Y SOBERANO DE NUEVO LEON,

FIRMA DEL INTERESADO

LIC. JORGE A. TREVIÑO

CERTIFICA: QUE LAS FIRMAS Y SELLOS QUE APARECEN EN ESTE
DOCUMENTO SON AUTENTICOS.

Cedula profesional en México

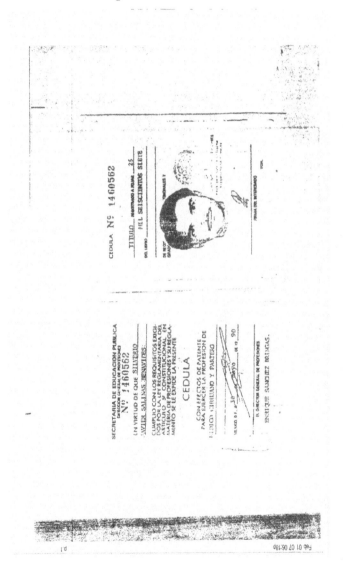

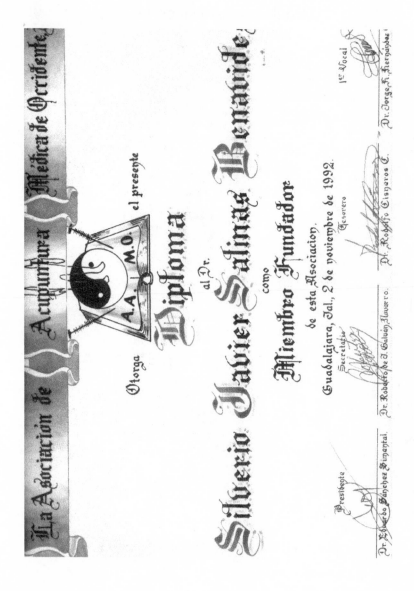

Universidad Interamericana de Puerto Rico
Escuela de Optometría

RECONOCIMIENTO

La Escuela de Optometría de la Universidad Interamericana
de Puerto Rico reconoce por este medio la labor didáctica-
clínica del

Dr. Silverio Salinas

en la presentación del curso

Terapias Alternativas en Optometría: Remedios Taoístas y Toltecas para Mejorar la Visión

Este curso fue presentado como parte del Programa de
Educación Continuada de la Escuela de Optometría de la
Universidad Interamericana de Puerto Rico el miércoles 13 de
agosto de 1997.

San Juan de Puerto Rico.

Hector e. Santiago, OD, PhD
Dr. Héctor C. Santiago
Director
Programa de Educación Continuada

PO Box 191049 • San Juan, PR 00919-1049 • Tel. (809) 765-1915 • FAX (809) 767-4724

INSTITUTO POLITECNICO NACIONAL
ESCUELA NACIONAL DE MEDICINA Y HOMEOPATIA
GUILLERMO MASSIEU HELGUERA No. 239 TICOMAN, D.F. FRAC. "LA ESCALERA"
TELEFONOS 586-55-24   586-94 49
07320 MEXICO, D.F.

SECRETARIA
DE
EDUCACION PUBLICA

60 ANIVERSARIO DEL I.P.N.
1966 AÑO DEL CENTENARIO DE LA EN.M. Y H.

Noviembre 25, 1996.

DR. SILVERIO JAVIER SALINAS BENAVIDES
P R E S E N T E .

La Sección de Estudios de Posgrado e Investigación de la Escuela Nacional de Medicina y Homeopatía del I.P.N., agradece su valiosa colaboración en el desarrollo del curso de la especialidad en Acupuntura Humana por impartir la Conferencia :

ANALGESIA EN SEGUNDOS CON AURICULOTERAPIA

Realizada el día 25 de noviembre de 1996 con una duración de 4 horas.

Reconociendo su alta capacidad académica le reiteramos nuestra más distinguida consideración.

A T E N T A M E N T E .
"LA TECNICA AL SERVICIO DE LA PATRIA"

DR. CRISOFORO ORDOÑES LOPEZ
COORDINADOR DE LA ESPECIALIZACION
DE ACUPUNTURA HUMANA

M. EN C. JAVIER GRANDINI GONZALEZ
JEFE DE LA SECCION DE ESTUDIOS DE
POSGRADO E INVESTIGACION

ESCUELA NACIONAL DE
MEDICINA Y HOMEOPATIA
SECCION DE GRADUADOS

Epílogo

(Primera Edición 1999)

Este libro se terminó de escribir el día 11 de Julio de 1999, en el cumpleaños número 37 del autor. Le doy gracias a Dios Padre por haberme permitido escribir este libro y sobre todo por permitir su publicación en vísperas del nuevo milenio. "Adiós al Dolor" será luz, aliento y esperanza para La Nueva Humanidad del Nuevo Milenio.

La Nueva Humanidad del Nuevo Milenio puede decirle ahora Adiós al Dolor.

Silverio J. Salinas

"y gozo perpetuo habrá sobre sus cabezas; tendrán gozo y alegría, y el dolor y el gemido huirán."
(Isaías 51.11)

Epilogo de la Tercera Edición (2013)

Este libro fue terminado de revisar, corregir, mejorado y actualizado para su tercera edición por el Dr. Silverio Javier Salinas Benavides el día 21 de Enero del año 2014.

Catorce años después de la primera edición, el autor ha avanzado en el mejoramiento de la técnica de Aurículo Analgesia y está listo para brindarla a la humanidad mediante instituciones educativas.

Esta técnica y sistema para sanar el dolor humano es un patrimonio para la humanidad y los próximos 25 años el autor los va a dedicar a institucionalizar el método, multiplicarlo y esparcirlo por todo el mundo,

Las mejoras que se hicieron es esta tercera edición son significativas:

1. Se mejoró el estilo y la presentación.
2. Se corrigieron errores de ortografía.
3. Se retiró el capítulo de los efectos colaterales de medicamentos y se cambió por otro más acorde con la obra: el de magnetos contra el dolor.
4. Se actualizó el plan alimenticio naturista general.
5. Se cambiaron las fotografías de los ejercicios por nuevas fotografías digitales de mejor resolución.

6. Se agregó, en el capítulo de aurículo masaje, el dibujo de la anatomía del cuerpo humano sobre la oreja, otro descubrimiento del Dr. Salinas.

7. Se actualizo el capítulo de ¿Quién es el Dr. Salinas? Con la información de los últimos 14 años.

Seminarios

Para los que deseen aprender la técnica de Aurículo Analgesia, existen tres niveles de enseñanza que el autor transmite por medio de seminarios:

1. Aurículo Analgesia Magnética. (1er nivel).
2. Circuitos de Aurículo Analgesia (2° nivel).
3. Aurículo Medicina (3er nivel).

Los interesados en aprender la Técnica de Aurículo Analgesia y otras técnicas que maneja el Dr. Salinas podrán obtener información a través de la página web: www.drsilveriosalinas.com.mx
Email: silveriosalinas5@gmail.com
Para información en los México, dirija una carta a

Dr. Silverio Javier Salinas Benavides
Jacobo Villanueva 71, Fracc. Rinconada del Valle Col. Torremolinos, Morelia, Mich. México.
CP. 58190
Tel. (52) (443)326-2577

Para información sobre seminarios en los EUA, dirija una carta a
Silverio J. Salinas
4037 N. Arden Dr. Suite 103
El Monte. CA. 91731
Tel: 626-579-9128.

Bibliografía

1.- Fritz L. L, Murray J. V, Anne O. S. (1995) Mercury exposure from "silver" tooth fillings: emerging evidence questions a traditional dental paradigm. FASEB J. 9, 504-508.
2.- Vimy, M.J., Y. Takahashi, F.L. Lorscheider. (1990). Maternal-fetal distribution Of Mercury (203 G) released from dental amalgam fillings. Am. J. Physiol. 248 (Regulatory Integrative Comp. Physiol. 27): R939-R945.
3.- Vimy, M. J. Toxic Teeth: The Chronic Mercury Poisoning Of Modern Mann.
4.- Robert L. Siblerud, M. S. The Relationship between Mercury from Dental Amalgam and Mental Health. Am J. Psico. Vol XLIII, No 4 Oct. 1989.
5.- DAMS. Court Requires California Dentists To Post Warning Signs. Dental Amalgam Mercury Síndrome, Vol.VI Issue II & III. Spring & Summer 1996.
6.- DAMS. Suden Infant Death Síndrome, Correlates with Nomber Of Mother's

Mercury   Fillings.   Dental   Amalgam
Mercury
Síndrome, Vol.V Issue I. Winter 1995.
7.- DAMS. Mercury Vapors Destroy Brain
Tubulin.   Dental   Amalgam   Mercury
Síndrome, Vol.IV Issue IV. Fall 1994.
8.- A. Roy Davis. Anatomy of Biomagnetism.
Publicado por the Albert Roy Davis
research laboratory. Jun 1974.

YA ESTA A LA VENTA!

Limpiar, Nutrir, Reparar

Adiós a las enfermedades, en tres pasos naturales

Dr. Silverio J. Salinas

ISBN13 Tapa Dura: 978-1-4633-6451-9
ISBN13 Tapa Blanda: 978-1-4633-6450-2
ISBN13 Libro Electrónico: 978-1-4633-6449-6
Publicado por Palibrio

Este libro es un manual práctico de auto ayuda y está dirigido al pueblo hispano principalmente y a los pueblos del mundo en general, agobiados por un sin número de enfermedades crónicas y degenerativas, cansados de acudir al médico para obtener solo calmantes, medicamentos de "por vida" que no solo no curan las enfermedades sino que, además, enferman.

Si estás enfermo y cansado de tomar medicamento "de por vida", de ir al doctor continuamente, de caer por complicaciones a los hospitales y de estar peor cada vez y no sanar. Si los profesionales de la medicina te han dicho "esto no se cura, solo se controla; aprenda a vivir con el dolor y la enfermedad" y muy en el fondo de tu espíritu tú te niegas a aceptarlo, y la intuición te dice que "debe de existir alguna solución natural", entonces este libro es para ti. Te enseñará a limpiar tu organismo y nutrirlo correctamente para poder repararlo naturalmente.

El enfoque principal de este manual educativo es el que tu conozcas la verdad de las posibles causas de tus problemas de salud, como eliminarlas y como restaurar tu bienestar.

Haga Ya Su Pedido!
Para llamar desde los EE.UU. marque 877.407.5847
Para llamadas internacionales, marque +1.812.671.9757

Puede también realizar sus pedidos a través de www.palibrio.com, www.barnesandnoble.com o www.amazon.com.

Notas del Lector:

CPSIA information can be obtained
at www.ICGtesting.com
Printed in the USA
FSHW012016231219
65421FS